完美涡旋光场的调控及应用

李新忠　著

U0232128

中国原子能出版社

图书在版编目（CIP）数据

完美涡旋光场的调控及应用 / 李新忠著. —北京：
中国原子能出版社，2020.11 (2021.9重印)
ISBN 978-7-5221-1108-7

Ⅰ. ①完…　Ⅱ. ①李…　Ⅲ. ①光学–调控–研究
Ⅳ. ①O43

中国版本图书馆 CIP 数据核字（2020）第 224907 号

完美涡旋光场的调控及应用

出版发行	中国原子能出版社（北京市海淀区阜成路 43 号　100048）
责任编辑	白皎玮
装帧设计	崔　彤
责任校对	冯莲凤
责任印制	潘玉玲
印　　刷	三河市南阳印刷有限公司
经　　销	全国新华书店
开　　本	787 mm×1092 mm　1/16
印　　张	12.5
字　　数	201 千字
版　　次	2020 年 12 月第 1 版　　2021年9月第2次印刷
书　　号	ISBN 978-7-5221-1108-7　　定　价　60.00 元

网址：http://www.aep.com.cn　　　　　　**E-mail：atomep123@126.com**
发行电话：010-68452845

前　言

由于涡旋光场携带有轨道角动量，其在微粒操纵、量子通信、超分辨成像以及光学测量、超大容量光通信、灵巧光操纵、超分辨显微成像、光学涡旋日冕观察仪等等领域具有非常重要的研究价值。因此，涡旋光场成为了近年来光场调控领域的一个具非常重要的研究热点。传统涡旋光场其光束半径依赖于拓扑荷值，导致了不同拓扑荷值涡旋光束难于利用光纤进行耦合、传输。为解决该问题，研究人员提出了光束半径不随拓扑荷值增加而增大的"完美涡旋光场"。然而，完美涡旋光场的优点恰是其面临困境的根源所在：模式分布过于单一，轨道角动量分布难以灵活调控，限制了其应用的广度和深度。另一方面，完美涡旋光场的力场分布不够丰富，限制了其执行复杂微粒操控的能力。因此，研究模式分布丰富、调控能力强、适用范围广的新型完美涡旋光场的调控技术及其应用具有重要的科学意义。本书系统总结了作者近年来在完美涡旋光场领域的研究成果，以促进该领域的交流和发展。本书主要内容如下：

1. 研究了完美涡旋光场的产生技术及拓扑荷值测量方法。实验对比研究了完美涡旋光场的三种生成技术：环形光阑调制技术、振幅相位调制技术和基于锥透镜的纯相位调制技术。研究表明，基于锥透镜的纯相位调制技术生成的完美涡旋光束质量高，几乎无杂光，并且具有参数可灵活调节的优点。针对傅里叶面产生的完美涡旋光场拓扑荷值难于测量的问题，提出了一种基于相移原理的拓扑荷值原位在线测量技术。该技术无需增加额外的测量光路，并且具有无寄生干涉、不受环境震动影响的优点。

2. 研究了完美涡旋光场的模式调控技术。为获得具有丰富模式分布的完美涡旋光场，提出了三种模式变换技术：① 基于坐标拉伸提出了完美涡旋模式自由变换技术，实现了完美涡旋光场模式由圆形到椭圆形的自由变换；② 基于多完美涡旋叠加，实现了环形及椭圆环形涡旋阵列；该阵列子涡旋数量、符号及空间位置可自由调控；③ 借鉴固体物理晶体密堆积理论，产生了结构可控的紧排列完美涡旋阵列光场，通过对原胞涡旋的简单逻辑操作，获得了三角形、六边形及蜂窝形等一系列特殊结构的完美涡旋阵列光场。

3. 在微粒操纵领域，为了实现单光束分离细胞簇，通过相位重建技术提出了一种中心对称涡旋光场。该中心对称涡旋光场的光强和轨道角动量分布都具有中心对称结构，并且其光束的半径大小可以灵活调控。该技术的提出有望实现单光束对细胞簇的分离，并且极大丰富了非对称涡旋光场的模式分布。

4. 基于两个嫁接涡旋光场的同轴叠加，实现了一种反常环形连接的光学涡旋阵列的产生。相比于传统连接的光学涡旋阵列上光学涡旋的空间位置和符号难以调控的问题，该反常环形连接的光学涡旋阵列上局部的涡旋数量，空间位置和符号可以独立调控，并且阵列上涡旋总数保持不变。

5. 设计了一种新型长臂光镊，实现了对酵母菌的微操纵。针对完美涡旋光场的力场分布特点，通过完美涡旋光场的镜像对称操作；设计了一种含有两个对称光扳手的长臂光镊，并实现了对酵母菌细胞的微操纵。该新型光镊的微粒捕获范围扩大至传统静态光镊捕获范围的 3 倍以上。

6. 针对传统非对称涡旋光场的轨道角动量分布强烈依赖于光强分布的限制，通过相位嫁接技术提出了一种光环上轨道角动量分布可控且光强保持恒定的新型非对称涡旋光场，命名为嫁接涡旋光场。简要介绍了嫁接涡旋光场的理论表述，以及实验产生技术，研究了其光环上轨道角动量分布的调控特性。此外，通过光镊实验验证了其独特的微粒操纵特性。该嫁接涡旋光场的提出实现了对涡旋光场光环上局部的轨道角动量的大小和方向的灵活调控。

本书研究内容得到了国家自然科学基金委员会（项目编号：11974102）、河南省高等学校重点科研项目计划（项目编号：21zx002）和瞬态光学与光子技术国家重点实验室开放基金项目（项目编号：SKLST201901）的资助。

目　录

第1章

绪　论

阳光是大自然送给人类最好的礼物。在地球上，因为有了光，所以有了生命，有了世间万物，有了文明。人类巧妙地利用光，取暖、照明、传递信息等。例如在古时候的中国，人们就已经掌握了使用烽火作为战争的信号，这是人类历史上以光作为媒介进行通信的第一次尝试。随着人类文明的发展，人类不再仅满足于对自然界中光的探索与认识。因此，具有高亮度性、高方向性、高单色性、高相干性的激光应运而生，这标志着人类改造自然的一大突破。

激光作为 20 世纪最伟大的发明之一，被广泛应用于生产生活及国防科技中诸多领域，例如激光清洗、激光打标、激光显示、激光制导等。近年来，随着激光技术的不断发展，结构光场成为了一大热门的研究领域。因其可以为整个激光领域提供更为丰富多样的新型光场，从而极大地拓展了激光的相关应用领域，如具有丰富操纵模式的全息光镊[1-3]、图形丰富的激光加工技术[4,5]。

理论上，结构光场主要分为光波及光束，分别是亥姆赫兹方程及空间近轴波动方程在各种坐标系下的解。进而针对这些解的调控、传输及应用逐渐构成了整个研究领域。从光子的物理维度出发，目前主要对结构光场的振幅、相位、偏振、时序、频率、模场几个参量进行调控。其中相位结构光场是结构光场领域的一大研究热点，其主要是针对光的振幅及相位进行调控，又称为标量光场。按求解空间傍轴波动方程所建立的坐标系可以对光束进行归类，表 1-1 所示。

表1-1　结构光场的划分

Tab.1-1　**Classification of structured light field**

坐标系	波（亥姆霍兹方程）	光束（空间傍轴波动方程）
笛卡尔坐标系	平面波	无限平面光束； 无限艾里光束； 有限艾里光束； 艾里光束； 艾里-平面光束； 厄米-高斯光束； 平面-高斯光束
圆柱坐标系	贝塞尔波	拉盖尔-高斯光束； 贝塞尔-高斯光束
抛物柱坐标系	韦伯波	无限抛物线光束； 有限抛物线光束； 韦伯-高斯光束
椭圆柱坐标系	马丢波	因斯-高斯光束； 马丢-高斯光束

相位结构光场主要分为直角坐标系下的厄米-高斯光束[6]、艾里光束[7]等；圆柱坐标系下的拉盖尔-高斯光束[8-10]、贝塞尔-高斯光束[11]等；抛物坐标系下的韦伯-高斯光束[13,14]、抛物线光束[14,15]等；椭圆坐标系下的因斯-高斯光束[12]、马丢-高斯光束[13]等。

这些新颖的光场结构进一步拓展了激光技术的工程应用领域，如多粒子捕获与灵巧光操纵[16]、超大容量量子存储及光通信[17]、多维度光学精密测量[18]等，也大大激发了人们对光场结构的探索与认识，并使之成为当前激光领域的一大前沿研究热点。

1.1　涡旋光场概述

有关涡旋光场的研究最早源自 Airy（艾里）在 19 世纪 30 年代首次在透镜焦平面处观察到一种反常光环[19]。随后，研究人员从光波能流和相位分布的角度针对涡旋现象进行了深入的研究[20-23]。1989 年，Coullet 等人研究中第一次提出了光学涡旋的概念，他们在有较大 Fresnel number（菲涅尔数）的激光腔内发现了光学涡旋的存在，并通过 Maxwell-Bloch 理论证明了公式中存在涡旋解[24]。从此，研究人员对涡旋光场的研究开始迈入一个崭新的阶段。

1992 年，Allen 等人证明了涡旋光场的每个光子都携带有 $m\hbar$ 的轨道角动量（Orbital Angular Momentum，OAM），该工作为涡旋光场在许多光学领域的应用提供了理论依据，极大地促进了涡旋光场的研究进展[8]。涡旋光场的产生方法主要有几何光学模式转化法[25]、计算全息法[26]、螺旋相位板法[27,28]和液晶空间光调制器法[29,30]，其中液晶空间光调制器法可以实现对光场的振幅和相位的实时在线调控。自轨道角动量提出以来，其应用研究主要集中在涡旋光场与微粒之间的相互作用的研究。1995 年，He 等人最早通过光镊实验实现了涡旋光场对微粒的操纵，实验中发现涡旋光场的轨道角动量可以传递给微粒[31]。次年，Simpson 利用涡旋光场实现了微粒的旋转运动，并形象地将涡旋光场称为光扳手[32]。此外，研究发现涡旋光场可以更好地实现更丰富的微粒操纵[27,33]，对高折射率和低折射率微粒进行捕获[34]，并且相比于高斯光束捕获微粒，涡旋光场具有更高的轴向捕获力[35]。因此，利用涡旋光场对生物细胞进行捕获，可以有效降低对细胞的损伤[36]。

涡旋光场的拓扑荷值是一个重要参数：在微粒操纵中光束轨道角动量与之成正比，而在量子信息编码中则代表了波分复用及信息编码能力，因此提升涡旋光场的拓扑荷值具有重要的科学意义。然而对于传统方法获得的涡旋光场，随拓扑荷值的增大，其中心亮环半径也会逐渐增大，限制了涡旋光场需要在光纤中进行耦合的应用。为了解决该难题，2013 年，Ostrovsky 等利用独特的相位掩模版，在空间光调制器的傅里叶平面上得到了一种亮环半径不随拓扑荷值改变而改变的涡旋光场，称之为完美涡旋光场[37]。但是这种方法得到的完美涡旋光场存在多个次级亮环，为此，Mingzhou Chen 等人在实验中利用锥透镜产生了只有一个亮环的完美涡旋光场并实现了对微粒的旋转[38]。然而该方法会导致实验光路复杂，产生的完美涡旋光场的光环半径难以在线调控。为了进一步增强其调控自由度，P. Vaity 等人提出了一种利用数字锥透镜产生完美涡旋光场的方法[39]。此外，针对上述方法不能产生大拓扑荷值完美涡旋的挑战，Rongde Lu 等人利用二值振幅调制和窄高斯近似，基于数字微镜阵列实现了拓扑荷值最大为 90 的完美涡旋光场的产生，因此扩展了在微粒操纵领域的应用[40]。

在涡旋阵列的产生方面，由于光学涡旋阵列中含有多个光学涡旋，因此具有更高的调控自由度。一般来说，光学涡旋阵列可分为两类：离散和连接的光学涡旋阵列。其中离散的光学涡旋阵列包含多个独立的光学涡旋，并且可以设计成不同的结构[41-44]，阵列中每个光学涡旋的拓扑荷值都可以独立调控。连接的光学涡旋阵列包含多个单位的光学涡旋（拓扑荷值等于±1），这些光学涡旋在沿着特定的分布叠加在光强上。近年来，连接的光学涡旋阵列已被应用于光学测量[45,46]，并且展示了超冷原子捕获的前景[47,48]。因此，连接的光学涡旋阵列的产生、调制和验证在相关光学领域具有重要意义。这些连接的光学涡旋阵列通常是由两个或多个特定的结构光场叠加而成。例如，叠加多个平面光束[49]、高斯光束[50]、因斯－高斯光束[51]、厄米－高斯光束[52]、拉盖尔－高斯光束[47,53]和贝塞尔光束[54,55]，得到了几种连接的光学涡旋阵列。然而，由于这些光学涡旋阵列仅由具有特定参数的两束光叠加产生，因此其模式调控和潜在的应用受到限制。为了克服这一限制，研究人员提出了一种新型的环形光学涡旋阵列，它是由两个具有更高调控度的同心完美涡旋光场叠加而成[56]。

在涡旋光场提出后，大量出色的工作相继涌现。然而，传统的涡旋光场目前面临一个困境：其光场模式分布单一，不能满足一些特殊领域的应用需求。例如：在操纵微粒时，具有非对称模式分布的涡旋光场具有更高的操纵自由度[57,58]，此外，在光束整形、光束精确调控及微加工等领域均要求光束具有更丰富的模式分布。涡旋光场面临的这些挑战激励学者们更加深入地探索空间模式分布丰富、调控能力更强、适用范围更广的新型涡旋光场[59]。为了寻求能解决上述问题的新型涡旋光场，通过文献调研，笔者注意到：近十年来，一类具有丰富模式分布、更多调控自由度的非对称涡旋光场能够较好回应上述关切。

1.2　完美涡旋光场的概述

在相位结构光场领域中，最突出的代表是涡旋光场（Optical Vortex，OV）[8]。涡旋光场因其每个光子具有 $m\hbar$ 的轨道角动量，m 是其拓扑荷值，因此其在超大容量光通信[17,60-62]、灵巧光操纵[3,63-65]、超分辨显微成像[66]、光学涡旋日冕观察仪[67,68]等诸多领域有着广泛的应用。例如，在微操纵领域，因为其具有轨道角动量，相当于提供了一个角向的扳手力，增加了光学微操纵的灵活性[64,69]；在光通信领域，将轨道角动量量化为拓扑荷值作为信息载体，极大地提高了光通信的信息容量[17,70,71]；此外，利用其独特空心"甜甜圈"式光场结构，可以对光信号进行消光处理，应用于日冕观察仪[68]、超分辨显微成像等领域[72]，可以说光学涡旋的应用"远可窥探浩瀚星海，近可深入微观超越衍射极限"。

然而，传统涡旋光场其光束半径随拓扑荷值的增加而增大，使得涡旋光场在耦合传输中的应用变的非常困难。为此，2013 年 Ostrovsky 等提出了完美涡旋光场（Perfect Optical Vortex，POV）的概念[73]，即光束半径不随拓扑荷值增加而增大的涡旋光束，如图 1-1 所示。他们使用贝塞尔光场对完美涡旋光场进行分解，并基于计算全息技术在实验中编码不同环半径的环形光阑产生贝塞尔光场，这些贝塞尔光场进而在远场叠加产生了完美涡旋光场。然而，实验中仅能编码有限个贝塞尔光场，使得其得到的完美涡旋杂光较多。为了改进光束质量，Mingzhou Chen 等[38]提出了一种基于锥透镜的完美涡旋光场生成技术，并使用了其生成的完美涡旋进行了光学微操纵。但是其生成的完美涡旋需要更换锥透镜才能对光束半径进行调控，增加实验中调控的繁复性。随后，Ostrovsky 等[74]对贝塞尔函数进行宽脉冲近似后叠加了产生完美涡旋，该方法与其 2013 年提出的方法相比具有编码简单的特点，但是其仍然没有解决完美涡旋光束半径灵活调控与杂光干扰的问题。

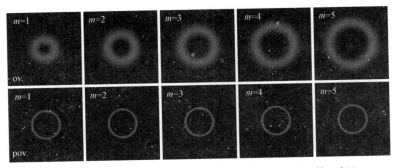

图 1-1　传统涡旋光束（第 1 行）与完美涡旋光束（第 2 行）

Fig.1-1　Conventional optical vortex（the top row）and the perfect optical vortex（the bottom row）

为了同时解决上述两个问题，2015 年，P. Vaity 等[39]提出了一种数字锥透镜法，将锥透镜与螺旋相位混合编码到一个掩模版上，实现了完美涡旋光束半径的灵活调控。为比较目前几种完美涡旋光束产生方法的优劣，V. V. Kotlyar 等[75]开展了对比研究，并在此基础上提出了一种最优化方法。然而，以上产生技术主要针对于整数阶完美涡旋的产生与研究，针对分数阶完美涡旋，2017

年，Michael Mazilu 等[76]提出了一种 OAM 密度均匀化的多缺口分数阶完美涡旋的产生方法。

在完美涡旋光场产生及调控方面，国内许多课题组也做出了有特色的工作。针对以上几种方法不能产生大拓扑荷值完美涡旋光场的挑战，2015 年，中国科技大学卢荣德课题组[40]基于超像素二值编码技术实现了拓扑荷值高达 90 的完美涡旋光束的实验产生，为完美涡旋更广阔的应用创造了条件。而在完美涡旋阵列的产生方面：2015 年中科院上海光机所周常河课题组[41]采用附加锥透镜相位补偿技术，获得了质量较好的完美涡旋阵列光场结构；紧接着，2016 年，北京理工高春清课题组[42]提出了可控衍射级与拓扑荷值的完美涡旋阵列结构，进一步发展了完美涡旋阵列的产生技术。同年，哈尔滨工业大学李岩课题组[77]将完美涡旋阵列拓展为 3 维，提出了 3 维紧聚焦完美涡旋阵列结构。2018 年，本课题组[44]借鉴固体物理晶体结构的思想，提出了一种紧排布完美涡旋阵列编码技术，为少模多芯光纤等领域提供了一种可调完美涡旋阵列结构。这些工作的提出，丰富了完美涡旋的调控手段，拓宽了完美涡旋的潜在应用。

随着研究的深入，完美涡旋的研究外延不断拓展。2016 年，N. A. Chaitanya 课题组[78]产生了飞秒完美涡旋光场，在超快领域实现了完美涡旋光场的生成。随后，西北工业大学的赵建林课题组[79]使用环形光阑对螺旋相位进行径向截止，并基于萨尼亚克干涉仪生成了矢量完美涡旋光束。紧接着，北京理工大学高春清课题组[80,81]以不同的视角去研究提出了一种偏振完美涡旋光场。同年，A. Banerji 等[82]提出了完美量子光学涡旋，并证明了其在量子通信具有巨大的应用潜力。2017 年，基于 Pancharatnam-Berry 相位[83]，湖南大学的罗海璐课题组生成了一种稳定的完美矢量涡旋。同年，A. A. Kovalev 课题组[84]生成了一种椭圆完美涡旋，将非对称的概念引入了完美涡旋的研究。随后，本课题组[85]提出了完美涡旋模式自由变换技术，加深了人们对完美涡旋模式的探索。2018 年 A. Porfirev 课题组[86]提出了非环形完美涡旋，进一步拓展了非对称完美涡旋的概念。同年，袁操今、常琛亮[87,88]课题组提出了一种椭圆完美矢量光学涡旋，拓展了完美涡旋光场的研究内涵。这些工作加深了人们对完美涡旋光场的认识，为深入开展完美涡旋光场的应用研究奠定了坚实的基础。

关于完美涡旋光场的应用，2016 年深圳大学袁小聪课题组[89]使用完美涡旋光场照明，将完美涡旋光场应用于显微成像技术，发现完美涡旋能增强信号减小噪声；同年，S. G. Reddy 等[90]利用完美涡旋光束作为照明光场，产生了用于信息加密的无衍射随机散斑场；M. V. Jabir 等[91]研究了完美涡旋对下转化光子角谱的影响。2017 年，黄苏娟课题组[92]使用完美涡旋实现了自由空间的信息传递技术。完美涡旋光场的其他应用主要集中于微粒的光操纵[38,65,93]，其在定制轨道角动量、大粒子的旋转等领域有明显的优势。

综上，完美涡旋光场的提出解决了传统涡旋光场半径依赖拓扑荷值的问题，进一步拓宽了涡旋光场的研究内涵及应用领域。然而，完美涡旋优点正是其面临困境的根源所在，其模式分布过于单一，限制着其应用的广泛性。例如：操纵生物细胞时，要避免操纵时对细胞的热损伤[94]；对特殊形状微粒操纵时，非对称的光场模式更具优势[57,58]。此外，对完美涡旋光场本身而言，人们也期望获得更多的调控自由度和光场操控灵活性，以拓展其应用范围。因此，关于完美涡旋光场的调控仍然有待进一步的研究。

1.3　非对称涡旋光场概述

非对称涡旋光场指的是非圆对称的涡旋光场，其概念最早是由 J. Hamazaki 等在 2006 年研究拉盖尔-高斯光束的古依相移信息时提出，他们通过在螺旋全息掩模版中加入非对称缺陷首次得到了非对称拉盖尔-高斯涡旋光场[95]。2011 年南京大学王慧田课题组研究了一种轴对称破缺的局部线性偏振矢量涡旋光场的聚焦特性，其聚焦场被分离成一对局部的环，分别携带左旋和右旋偏振分量[96]。同年，F. A. Bovino 等人进一步发展了一种离轴非对称涡旋光场，发现其轨道角动量为分数阶且不等于拓扑荷值[97]。2012 年，T. Fadeyeva 等提出了一种非对称 erf-Gaussian 涡旋光束，发现了其电、磁分量许多有趣的现象[98]。此外，Rodrigo 等人利用光束塑形技术产生了一种三维形状的涡旋光场，沿任意曲线产生了高的光强和相位梯度力，能够限制多个粒子并操控粒子旋转[99,100]。

在非对称涡旋光束的特性研究方面，近几年就报道了大量高水平研究工作。主要工作有：2014 年，中国科技大学李银妹课题组基于数字微镜阵列提出了一种更一般化的非对称贝塞尔光束，实现了非对称度、光环缺口方向、能量分布及轨道角动量等参数的自由调控[101]。此外通过调节涡旋光场的相位梯度分布和相位跳变因子，分别可以产生幂指数相位型涡旋光场和余数相位涡旋光场[102,103]。2015 年，西北工业大学赵建林课题组揭示了自由传播扇形涡旋光场的光子自旋霍尔效应[104]。西安交通大学张贻齐课题组得到了在谐波电势存在的条件下光场轨道角动量的非轴对称特性[105]。2019 年，Chen 等人利用像散模式转换器对非对称厄米–高斯模式进行转换，获得了一种非对称椭圆涡旋光场[106]。近几年来成果最突出的是俄罗斯的 A. A. Kovalev 小组，他们对非对称贝塞尔光场[107,108]、非对称拉盖尔–高斯光场[109,110]及非对称高斯涡旋光场[111]的产生方法、调控特性、轨道角动量分布以及微粒操纵特性开展了较为系统的研究[112]。其研究结果显示：非对称涡旋光束可提供更多自由度和光束操控灵活性，可实现涡旋光场轨道角动量等参数的精确调控。此外，本课题组对非对称涡旋光场也有一定的研究。2018 年，通过模式变换技术，实现了完美涡旋到椭圆完美涡旋之间的自由变换[85]。2019 年提出了一种镜像对称涡旋光场，通过对酵母菌细胞的微操纵实验验证了其捕获范围的扩大[113]。此外，为了增强光学涡旋阵列的模式分布，研究人员相继提出了沿任意曲线路径排列的非对称光学涡旋阵列[114,115]、椭圆环形光学涡旋阵列[116]以及方向可控的椭圆光学涡旋阵列[117]。这些光学涡旋阵列可以被很容易地产生，并且具有很高的调控自由度。

综上，非对称涡旋光场的提出解决了传统涡旋光场模式分布单一的问题，极大地提升了涡旋光场的调控自由度，促进了涡旋光场在微粒操纵等领域的应用。然而，非对称涡旋光场目前存在的问题是非对称操作简单，其光场调控自由度有限。作为一种新型的光场，对非对称涡旋光场的内涵及外延的研究还远远不够。非对称涡旋光场的灵活调控的性质决定了非对称涡旋光场可以具有丰富的模式分布及可自由调控的轨道角动量分布，有望解决许多传统涡旋光束不能解决的科学难题。因此，对于新型的非对称涡旋光场的产生与调控的研究具有重要意义。

1.4　力场分析及光镊基本概况

近代光学的研究主要集中在光与物质之间的作用力，人们最初发现的光力是光辐压力。由于光同时具有波动性与粒子性，将光考虑为粒子，在撞击物体产生的动量损失会以相反作用力的形式表现出来。但对于自然光来说这种力极小，所以自 20 世纪 70 年代以前，光学力仅在天体物理领域得到应用。

因为太空中没有摩擦力，物体所受到小的加速度也会随着时间的推移导致速度的极大改变。因此，在 1924 年就有关于太阳帆驱动航天器的提议。然而，随着激光器的发明，由于激光的高亮度性，光的力学性质逐渐得到了关注。最突出的代表是 1970 年，美国科学家 Ashkin[118,119]用两束相向传播的聚焦激光束照射电介质微粒，使得微粒所受散射力相互抵消，成功地在水中实现了微粒的光学捕获。1986 年，Ashkin 继续深入研究，缩小激光束的光斑尺寸，提高光场梯度力以抵消散射力，成功实现了微粒的单光束稳定捕获，标志着光镊技术的诞生[120]。光镊技术具有对被操纵粒子损伤小、操纵力场精度高等优点[121]，适用于原子大小到微米尺度的微粒操纵，在生命科学[122]、胶体物理[123,124]和天体物理[125]等领域具有广阔的应用价值。

经过三十多年的发展，光镊技术取得了许多重要进展。早期的光镊技术只能产生一个光阱，操纵功能非常有限[120]。为了解决这个问题，基于结构光场的全息光镊引起了研究者们的广泛关注。关于该领域的研究主要集中两个方向进行。一是利用全息技术实现粒子多光阱捕获，例如使用厄米–高斯、因斯–高斯等高阶激光模式对微粒进行光学捕获[126]。另一个发展方向是将轨道角动量引入光镊技术，实现更为丰富的操纵模式。最突出的是涡旋光束。涡旋光束捕获微粒时，伴随着从光束到粒子的轨道角动量转移，进而给粒子提供了一个绕着光轴的旋转力，可实现分子马达等应用。因此基于涡旋光束的光镊技术又被称为光学扳手[127]。然而，传统涡旋光束具有圆对称的固定结构，其模式过于单一，难以应对其在光镊技术领域的应用需求。为了突破这一限制，一类具有丰富模式分布、更多调控自由度的非对称涡旋光束被广泛的应用于光镊领域。在非对称涡旋光束研究中，其中一项技术是在涡旋光束中插入一个非对称缺陷。最突出的是俄罗斯的 A. A. Kovalev 课题组在 2014 年对贝塞尔–高斯光束插入离轴因子提出一种非对称贝塞尔模式[108]。2014 年中国科技大学李银妹课题组基于数字微镜阵列提出了一种更一般化的非对称贝塞尔光束[101]，实现了非对称度、光环缺口方向、能量分布及 OAM 等参数的自由调控。随后进一步拓展该技术，涡旋厄米–高斯光束[128]、非对称拉盖尔–高斯光束[129]及非对称高斯涡旋光束[111]等逐渐被提出。并且在 2016 年，A. A. Kovalev 课题组实现了非对称拉盖尔–高斯光束对聚苯乙烯微球的光操纵，发现恒定拓扑荷值情况下，非对称参数可以调控微粒速度[110]。另外一项主要应用于光镊领域的非对称涡旋光束的产生技术是光束成型技术。该技术最早由 E. G. Abramochkin 与 V. G. Volostnikov 在 2004 年提出[130]。在 2013 年，西班牙的 José A. Rodrigo 课题组将该技术应用于微操纵领域[99]，实现了粒子沿任意曲线的三维光学捕获与操纵。随着对该技术的进一步深入研究，实现了更多灵活可变的操纵模式[100,131]，如捕获路径具有节点的光操纵等[132]。因此，在微操纵领域，从单一到复杂的操纵模式是该领域的一大发展方向。

另一方面，完美涡旋因为其光束半径独立于拓扑荷值，使得其在微粒操纵领域可以实现轨道角动量的定制[38,93]，因此在该领域的研究具有重要的意义。然而，完美涡旋模式的单一性，限制了完美涡旋在微操纵领域的广泛应用。因此，基于完美涡旋的非对称结构光场在微粒操纵领域的应用有待进一步的研究。

涡旋光场是一种中心光强为零且具有螺旋型相位结构的特殊空间相位结构光场。其具有一个螺旋相位因子：$\exp(im\theta)$，其中 θ 为方位角，m 为涡旋光场的拓扑荷值。在涡旋光场中，每个光子平均携带的轨道角动量为 $m\hbar$，其中 $\hbar$ 为简化普朗克常数[8]。在微粒操纵领域，涡旋光场相比传统的高斯光镊极大地减小了轴向散射力，可以实现对具有不同折射率的微粒的稳定捕获和旋转等精细微操纵[133-137]。在光通信领域，可以利用轨道角动量进行信息编码，从而增加传输信息容量，而且利用轨道角动量编码可以提高通信的安全性，具有防窃听的优点[138-140]。此外，涡旋光场携带有轨道角动量，其在超分辨显微成像[66,141]、玻色-爱因斯坦凝聚[142]、光子计算[143,144]、图像处理[68]以及光学测量[18,145,146]等领域具有重要的潜在应用价值，因此成为了近年来光学领域的一个非常重要的前沿研究热点。

1.5 本书的主要研究内容

针对完美涡旋研究中所面临的困难——完美涡旋模式过于单一，难以满足多领域的应用需求。本书通过数值模拟及实验验证就完美涡旋光场的调控进行系统的研究，提出了多种切实可行的解决方案。进而调控产生了一系列具有特定功能的结构光场。并探究了完美涡旋及其构造光场在光镊领域的应用。主要内容如下：

首先，简要介绍了完美涡旋的生成技术，主要分为近场完美涡旋的生成与远场完美涡旋的生成，进一步对比各种生成技术的优缺点，提出设计完美涡旋生成技术的指导思想。并使用计算全息技术在实验中对完美涡旋的生成技术及完美涡旋的性质进行验证。

然后,研究了完美涡旋相位及振幅的调控。主要分为完美涡旋模式自由变换技术及多完美涡旋叠加构造新型光场。探究并提出了椭圆完美涡旋模式、镜像对称完美涡旋模式、基于完美涡旋的环形及椭圆环形涡旋阵列模式及密堆积完美涡旋阵列模式。并进一步对所生成的新型光场模式的性质进行探究。

最后,针对不同完美涡旋模式的力场进行分析,主要包括梯度力及轨道角动量。并以镜像对称完美涡旋光束为例实现其对酵母菌细胞的微操纵实验,并在实验中测量其力场分布。

对于传统的涡旋光场,其光强模式分布单一,轨道角动量分布强烈依赖于光强分布,难以满足一些特殊领域的应用需求。为了解决这些难题,本书提出了三种新型的非对称涡旋光场,通过数值模拟和实验系统地研究了这三种新型非对称涡旋光场的产生与调控,并通过光镊实验验证了其在微粒操纵领域的应用。主要研究内容如下:

首先,巧妙借用嫁接概念通过对传统光学涡旋的螺旋相位进行非对称复合相位操作,成功实现了一种光环上轨道角动量分布可控且光强保持恒定的嫁接光学涡旋。在理论上计算模拟出其光强分布、相位分布以及轨道角动量分布,并且通过搭建光镊实验系统验证了其独特的微粒操纵特性。

然后,通过对四个具有不同拓扑荷值的传统涡旋光场的螺旋相位进行重建,产生了一种中心对称涡旋光场。其光强和轨道角动量分布满足中心对称分布。并进一步从理论和实验上探究了其调控特性。

最后,基于嫁接涡旋光场的同轴叠加,产生了一种阵列上局部涡旋暗核的空间位置,数量和符号可以灵活调控的反常环形连接的光学涡旋阵列。并进一步对所生成的新型光学涡旋阵列的性质进行探究。

第 2 章

完美涡旋光场的生成及其
性质研究

从理论上出发，结构光场领域主要是通过求解麦克斯韦方程组推导出亥姆赫兹方程，再由亥姆赫兹方程做傍轴近似得到空间傍轴波动方程，进而对空间傍轴波动方程在不同坐标系下进行求解可以得到目前已知的一系列光束。完美涡旋属于空间傍轴波动方程在极坐标系下的一个解，但是理论上的完美涡旋需要能量无限集中于一个环上，无法在实验中产生。因此，目前在实验中生成的完美涡旋均为近似的完美涡旋，生成技术主要分为近场完美涡旋与远场完美涡旋的生成。本章从理论出发对完美涡旋的性质进行概述，随后基于 3 种不同的完美涡旋生成技术在实验中生成了完美涡旋光束，并进一步对比不同完美涡旋生成技术的优劣，进而阐述其背后物理机理。最后，为了验证所生成完美涡旋的拓扑荷值提出了完美涡旋拓扑荷值原位测量技术。

2.1 完美涡旋光场的理论表述

首先从贝塞尔光束出发，贝塞尔光束是空间傍轴波动方程在极坐标系下的一类解，是一种重要的无衍射光束。在柱坐标系（ρ，φ，z）下，单位振幅[147]理想贝塞尔光束方程式为：

$$E(\rho,\varphi,z) = J_m(k_r\rho)\exp(im\varphi + ik_z z) \tag{2-1}$$

其中 J_m 是第 m 阶第一类贝塞尔函数；m 为贝塞尔光束携带的拓扑荷值；k_r 和 k_z 是径向和光轴方向的波失分量，与波数 k 的关系为 $k = \sqrt{k_r^2 + k_z^2} = 2\pi / \lambda$。

下面考虑使用一个焦距为 f 凸透镜对光束进行傅里叶变换。变换前后光场分别由 $E(\rho,\varphi)$ 与 $E(r,\theta)$ 表示。则柱坐标系下傅里叶变换公式为[148]：

$$E(r,\theta) = \frac{k}{\mathrm{i}2\pi f} \int_0^\infty \int_0^{2\pi} E(\rho,\varphi) \exp\left(\frac{-\mathrm{i}k}{f}\rho r \cos(\theta-\varphi)\right) \rho \mathrm{d}\rho \mathrm{d}\varphi \qquad (2-2)$$

将式（2-1）带入式（2-2），得到贝塞尔光束的傅里叶变换为：

$$E(r,\theta) = \frac{k}{f} \mathrm{i}^{m-1} \exp(\mathrm{i}m\theta) \int_0^\infty J_m(k_r\rho) J_m(kr\rho/f) \rho \mathrm{d}\rho \qquad (2-3)$$

使用贝塞尔函数的正交性，以上等式可以被简化为狄拉克函数的形式：

$$E(r,\theta) = \frac{\mathrm{i}^{m-1}}{k_r} \delta(r-r_0) \exp(\mathrm{i}m\theta) \qquad (2-4)$$

其中，$r_0 = k_r f / k$。

从式（2-4）可以看出，由于狄拉克函数对光束能量进行限制，无论拓扑荷值 m 取何值，其光强均为一个半径为 r_0 的无限狭窄的光环。因此，式（2-4）即为完美涡旋的理论表达式[73]。然而，也正是狄拉克函数对能量的限制，使得能量集中于无限窄的光环上，因此理想中的完美涡旋无法在实验中生成。为此，通过不同的近似算法可以得到不同的近似完美涡旋光束。本书生成了 3 种近似完美涡旋光束，并对不同方法进行了对比研究，下面做具体论述。

2.2　近场完美涡旋光场生成技术

上一小节已经论述到，完美涡旋理论表达式代表的物理意义是给涡旋光束一个狄拉克函数进行径向截止，从而将能量限制在一个特定半径且无限细的圆环上。为了在实验上实现完美涡旋的生成，使用特殊形状光阑近似代替狄拉克函数对螺旋项进行径向截止，从而在近场得到完美涡旋光场。目前所使用的光阑主要为一个宽度为 $\omega \ll r_0$ 的环形光阑，因此该技术又称为环形光阑调制技术。其生成的完美涡旋表达式为：

$$E(r,\varphi) = \exp\left(\left(\frac{-(r-r_0)}{\omega/2}\right)^n\right) \exp(\mathrm{i}m\varphi) \qquad (2-5)$$

其中，n 为环缝边缘梯度参数，m 为完美涡旋拓扑荷值。

其光场传输截面如图 2-1 所示，照明激光通过光学元件后转化为完美涡旋光束，P1 区域。然而随着光束传播，光束发生衍射，因此进入过渡场 P2区域后，光束逐渐展宽不再具有完美涡旋的性质。最后光束传播到远场，环上下端衍射光开始相交干涉最后形成了近似的贝塞尔光束，P3 区域。

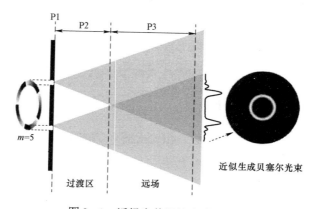

图 2-1　近场完美涡旋生成示意图

P1—近场平面；P2—过渡场区域；P3—远场区域

Fig.2-1　Schematic of perfect optical vortex in near field

P1：the near-field plane；P2：transitional field from near-to far-field；P3：the far-field plane

为了获得近场所生成的完美涡旋，设计光路如图 2-2 所示。实验中将一个针孔滤波器放置于凸透镜L1焦点处从而产生近似的平顶光束作为空间光调制器（简称 SLM，型号：Holoeye，PLUTO-VIS-016，像素尺寸：8 μm×8 μm，分辨率：1 920×1 080 像素）的入射光场。将具有螺旋相位的环形光阑编码为掩模版输入空间光调制器对入射光场进行调控，从而在空间光调制器的近

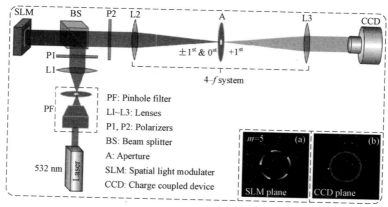

图 2-2　近场完美涡旋光路示意图

Fig.2-2　Schematic of the experimental setup of near-field perfect optical vortex

场产生完美涡旋光束。根据全息原理，入射光场调制后产生三个衍射级在近场重合在一起，只有 +1 级是完美涡旋光束。因此，使用一个 4−f 滤波系统（透镜 L2 与 L3 组成）将 0 级及 −1 级过滤掉，从而在透镜 L3 的后焦平面得到空间光调制器近场所产生的完美涡旋光束，并使用一个 CCD 相机（Basler acA1600–60gc，像素尺寸：4.5 μm×4.5 μm）记录实验结果。

　　基于上述实验光路得到的实验光强图如图 2−3 所示。从图中可以看出，随着拓扑荷值的增加，完美涡旋光束的半径近似不变。实验测量拓扑荷值在 0～20 内选取时，光束半径的平均相对误差仅为 0.1%。因此，该方法可以得到质量较好的完美涡旋光束。此外，拓扑荷值取值上限受限于环形光阑上像素点个数，当环形光阑周长为 450 个像素点时，拓扑荷值极限为 40。随着编码光阑半径增加，该方法可实现大拓扑荷值完美涡旋光束的生成。并且由于调制光发散角较小，传输特性好[79]。但是该方法由于将入射光场裁剪为一个圆环，其能量利用率比较低，难以应用于微粒操纵等领域。

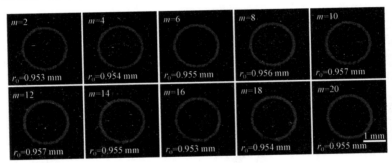

图 2−3　近场完美涡旋实验光强图

Fig.2−3　Experimental intensity distributions of near-field perfect optical vortex

2.3　远场完美涡旋光场生成技术

　　近场完美涡旋生成原理比较简单，但是由于生成的完美涡旋存在于光学元件近场，因此限制了完美涡旋调控的灵活性。为此，对远场完美涡旋的研究具有重要的意义。其按照生成完美涡旋的光学元件划分可以分为振幅相位元件法与纯相位光学元件法。振幅相位元件法是设计光学元件实现对入射光的振幅与相位同时调控的方法。纯相位元件仅针对光场相位进行调控。

2.3.1 振幅相位元件法生成完美涡旋光场

振幅相位元件法是产生完美涡旋最早提出的一种方法。理论上，贝塞尔光束为空间傍轴波动方程的一组正交完备解。任何一个光束表达式均可以使用不同参数的贝塞尔光束进行展开，完美涡旋也不例外，其展开式可以表示为[73]：

$$E(r,\theta) \propto \text{circ}\left(\frac{r}{\alpha}\right)\exp(im\theta)\sum_{n=1}^{\infty}\frac{J_m(\alpha_{m,n}r_0/\alpha)}{[J_{m+1}(\alpha_{m,n})]^2}J_m\left(\alpha_{m,n}\frac{r}{\alpha}\right) \quad (2-6)$$

式中 $\alpha_{m,n}$ 是 J_m（·）函数第 n 个零点（注：符号 n 进行了重新的定义），α 是径向坐标 r 的上限。

式（2-6）仍然是理想状态下的完美涡旋表达式，在实验中 n 无法取值到无穷，因而该表达式同样无法在实验中实现。但是由于当 n 取值较大时，其求和项对结果影响较小，因此选取 n 在一定范围内求和，从而可以在实验中生成完美涡旋光束。

考虑远场产生完美涡旋的光学系统如图 2-4 所示。其与近场完美涡旋产生光路相比，减少了透镜 L3，完美涡旋在透镜 L2 后焦平面生成，实验结果由 CCD 相机记录。

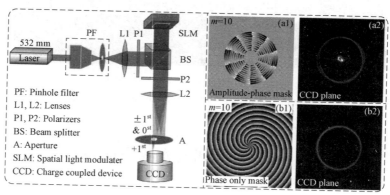

图 2-4　远场完美涡旋光路示意图

（a1）、（a2）分别为振幅相位调制掩模版及完美涡旋光强图，其中掩模版各环间隙为棋盘格子图案，用以实现振幅调制；（b1）、（b2）分别为锥透镜法纯相位调制掩模版及完美涡旋光强图

Fig.2-4　Schematic of the experimental setup of near-field perfect optical vortex

（a1）、（a2）are the amplitude-phase mask and the intensity distribution, respectively. For the mask, the gaps between different rings are filled in the "checkerboard" patterns.（b1）、（b2）are the phase only mask and the intensity distribution generated by the axicon method, respectively

图 2-4（a）为使用振幅相位调制技术所输入液晶空间光调制器的掩模版，其复透过率函数可以表示为：

$$t(\rho,\varphi) \propto \sum_{n=1}^{N} \alpha_{m,n}\beta_{m,n}\exp[im(\varphi-\varphi_{m,n})]\delta(\rho-\rho_{m,n}) \qquad (2-7)$$

其中 $\rho_{m,n} = \alpha_{m,n}R/\alpha_{m,N}$ 是第 n 个环形狭缝的半径（R 是液晶屏工作区域的半径），$\beta_{m,n}$ 是环形狭缝的宽度，$\varphi_{m,n}$ 是恒定相位偏移，可取两个可能值 0 或 π/m，N 是实验中 n 的最大取值，其值越大，得到的完美涡旋越"完美"。但是由于掩模版的限制，其取值不可无限增大，本实验中取 $N=30$.

$$\lambda f \alpha_{m,N}/2\pi R \equiv \alpha_m \qquad (2-8)$$

$$\beta_{m,n} \propto \frac{\left|J_m(\alpha_{m,n}r_0/\alpha_m)\right|}{\alpha_{m,n}^2[J_{m+1}(\alpha_{m,n})]^2} \qquad (2-9)$$

$$\varphi_{m,n} \propto \begin{cases} 0 & J_m(\alpha_{m,n}r_0/\alpha_m) \geqslant 0 \\ \pi/m & J_m(\alpha_{m,n}r_0/\alpha_m) < 0 \end{cases} \qquad (2-10)$$

使用上述实验装置及振幅相位掩模版得到实验图如图 2-5 所示。从图中可以看出，该方法会得到额外的杂散光环。且随着拓扑荷值的增加 $m=5\sim14$，完美涡旋光束的半径平均相对误差为 0.6%，大于近场完美涡旋产生技术。并且，该方法依托的理论使得该方法需要编码多个不同半径及宽度的环在掩模版上，很容易造成不同环之间形成串扰。另外对于不同拓扑荷值，需要重新调整环宽，特别是 $m<5$ 的完美涡旋光束在直径为 750 像素点的圆形区域内编码无法避免串扰的发生。因此该技术编码起来比较繁琐。且不同环之间使用振幅调制消去反射光或者将光散射出光轴，造成其能量利用率较低。

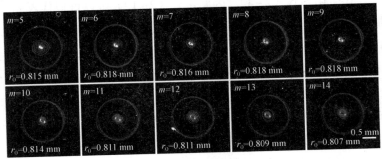

图 2-5　振幅相位元件法生成远场完美涡旋实验光强图

Fig.2-5　Experimental intensity distributions of far-field perfect optical vortex via amplitude-phase method

2.3.2 纯相位元件生成完美涡旋光场

纯相位光学元件的方法目前研究较多。本小结以锥透镜法为例，在实验中生成了完美涡旋光束，并进一步探讨了该技术生成完美涡旋的各项指标。

从完美涡旋的理论基础可以看出，完美涡旋相当于贝塞尔光束的远场。贝塞尔光场也是一种理想下的光场，因此参考文献[39]报道了使用贝塞尔-高斯光束傅里叶变换近似的生成完美涡旋光场。由于使用锥透镜可以近似的生成贝塞尔-高斯光束，因此在实验中基于空间光调制器编码数字锥透镜可产生灵活可控的完美涡旋光束。

首先考虑螺旋相位因子与锥透镜组成的光学系统，其复透过率函数可以表示为：

$$t = \mathrm{circ}\left(\frac{\rho}{R}\right)\exp\left[\mathrm{i}k(n'-1)\alpha\rho + \mathrm{i}m\varphi\right] \tag{2-11}$$

其中 α 是锥透镜锥角；n' 为锥透镜折射率。从式（2-11）可以看出，其使用了一个指数代替了贝塞尔方程。该计算式远场的表达式相对比较复杂[75]，难以看出计算式的物理意义。为此，参考文献[38，91]做了简化，将其远场表达式描述为：

$$E(r,\theta) \propto \exp\left[-\frac{(r-r_0)^2}{(\omega/2)^2}\right]\exp(\mathrm{i}m\theta) \tag{2-12}$$

上述表达式类似于完美涡旋的理论表达式，式（2-4）所示。通过给 $\omega = 4f/k\omega_0$（其中 ω_0 表示初始场高斯光束束腰）赋一个小值，或者取 $\omega = 0$，可以将该公式简化为式（2-4）。因此，式（2-12）可以近似代表完美涡旋光束的复振幅。

将式（2-11）表达的光学元件编码为掩模版输入图2-4所示实验装置的空间光调制器中，在透镜L2后焦平面上得到完美涡旋光束，如图2-6所示。随着拓扑荷值 m 的增加，光束半径平均相对误差为0.9%，证明该方法可以近似的生成完美涡旋光束。但是由于其进行了两次近似：① 将贝塞尔-高斯光束近似代替贝塞尔光束；② 使用锥透镜近似生成贝塞尔-高斯光束。所生成的完美涡旋近似程度高于前文所提到的那两种方法。对于 512×512 像素的相位掩模版，选取L2焦距为200 mm，锥角参数取0.03°，当拓扑荷值 m 大于21 时（完美涡旋半径-拓扑荷值曲线形成拐点）已很难继续保持完美涡旋的特性，光束半径开始随拓扑荷值得增加明显变大。但是，锥透镜法由于仅需要编码一个数字锥透镜，编码技术相对简单。可实现完美涡旋拓扑荷值及光束半径的灵活调控，因此该方法更易普及，本书后续研究均采用该方法生成完美涡旋光束。

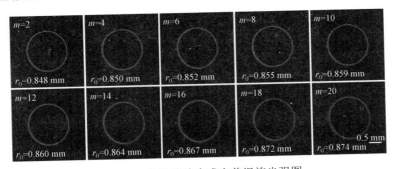

图 2-6 锥透镜法生成完美涡旋光强图

Fig.2-6 Experimental intensity distributions of far-field perfect optical vortex via axicon method

2.4 完美涡旋光场性质的验证

生成完美涡旋面临的首要挑战就是完美涡旋的检测技术，只有检测了是完美涡旋，才能进行进一步的应用。传统涡旋光束拓扑荷值测量方法主要分为干涉法[149-151]与衍射法[152-157]。那么，这些方法对完美涡旋是否依然适用？从上一章完美涡旋光场的生成技术了解到，大多数方法生成的完美涡旋仅存在于频谱面，使得讨论衍射没有意义；另外搭建干涉光路难以保证两束光正好在频谱面干涉。这就使得完美涡旋拓扑荷值的检测成为了一个迫切需要解决的科学问题。为此，本章提出了一种完美涡旋拓扑荷值原位测量技术，在不改变实验光路的情况下，实现完美涡旋拓扑荷值得测量，并且实验生成得干涉条纹不受寄生干涉的影响。

根据全息原理，不考虑非线性效应，实验中掩模版会产生 3 个衍射级，0级为杂光，主要包含未被掩模版调制的光场能量，±1 级相互共轭分别为完美涡旋及其共轭光场。由于涡旋光束与其共轭光束相干可以得到拓扑荷值[151]，因此考虑到能否实现掩模版 ±1 级相干涉从而实现完美涡旋拓扑荷值的测量。为此，考虑到在此实验中 CCD 平面与空间光调制器平面为傅里叶变换关系，则根据傅里叶变换的位移原理，在空间域（空间光调制器平面）给出相移，将在频域中（CCD 平面）引入位移，从而使像平面的图样产生相干叠加。其原理表述为：

$$\mathcal{F}\{E(u,v)\exp(j2\pi(x_0u + y_0v))\} = E(x-x_0, y-y_0) \tag{2-13}$$

其中 $\mathcal{F}$ 表示傅立叶变换，E 表示光场复振幅。在这里，定义 $(u,v)\equiv(\rho,\varphi)$ 代表空间光调制器平面的笛卡尔坐标，$(x,y)\equiv(r,\theta)$ 代表 CCD 平面的坐标，参数 x_0 和 y_0 分别是 x 和 y 方向上的平移量。

下面研究在实验中给掩模版 ±1 级施加一个平移量，图 2-7 所示。若引入一个 $x_0=300$ px 的相移，则对应的相位掩模模式为图 2-7（a2），强度模式为图 2-7（b2）所示。如果引入的相移适当（该实验中使 $x_0=498$ px，如图 2-7（a3）所示的相位掩模），则 ±1 级图像精确重叠，强度模式图如图 2-7（b3）所示。正如参考文献［151］中所报告的一样，光强模式产生干涉条纹。此外，由于 0 级不受调制，因此存在于干涉图样中心。

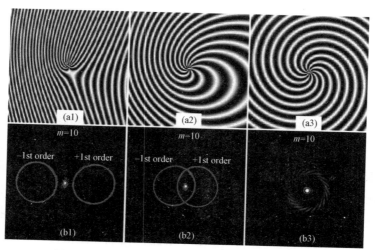

图 2-7 （a1）～（a3）使用正弦光栅编码的相位掩模版；
（b1）～（b3）CCD 相机记录的完美涡旋光束的光强模式
Fig.2-7 （a1）～（a3）are the phase masks encoded by sinusoidal grating；
（b1）～（b3）are the intensity distributions recorded by CCD camera

下面重点针对干涉条纹与拓扑荷值之间的关系开展实验研究。图 2-8 展示了拓扑荷值取[1,10]区间上的整数的实验结果。由图可观察到干涉条纹为螺旋花瓣状结构，通过计量螺旋光瓣个数，可以发现光瓣数 M 是拓扑荷值 m 的 2 倍，即 $m = M/2$。因为其干涉图样是由光学涡旋及其共轭波产生的，所以该结果与基于 Dove 棱镜干涉方法[149]得到的结果相同。因此，这种方法可以在不需要额外光学元件的情况下，原位测量产生的完美涡旋的拓扑荷值。另外，由于两干涉光束经过相同的光学元件，干涉图案不受环境振动和寄生干涉[151]的影响，这也是该方法最突出的优点和创新之处。另一方面，由于该方案中完美涡旋的共轭光束具有球面波分量，因此从干涉图像中可以观察到干涉条纹是螺旋形的，这也证实了完美涡旋光束中存在轨道角动量这一特殊的光场性质。该结论与参考文献［39］中结论一致。

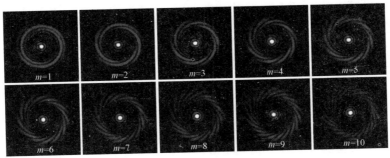

图 2-8　实验产生的 ±1 级整数阶完美涡旋干涉图

Fig.2-8　Interference patterns of the ±1st−order perfect optical vortices with integer topological charge

上述过程只讨论了拓扑荷值为整数的情况，但是其结果并不适用于拓扑荷值为半整数的完美涡旋光束，因此需要继续深入研究，并推导出能普遍适用的公式。对于拓扑荷值为半整数的情况，干涉图如图 2-9 所示。实验结果显示，干涉图样为螺旋状，但是与整数阶拓扑荷值的干涉图样不同的是，这些图案具有两个叉丝条纹，这是由于半整数拓扑荷值完美涡旋光束及其共轭光束分别在左侧和右侧具有缺口，因此平移叠加后出现叉丝。图 2-9 中插图 I 表示干涉图样中叉丝放大后的情况，插图 II 表示 $m = 4.5$ 时完美涡旋及其共轭光束的平移过程，该图解释了叉丝出现的原因。如果把叉丝个数表示为 M_f，则半整数拓扑荷值由公式 $m = M/2 - M_f/4$ 确定。对于整数拓扑荷值情况，干涉图案的叉数为零，即 $M_f = 0$，则该公式简化为 $m = M/2$，与上面提到的整数阶公式相同。因此，公式 $m = M/2 - M_f/4$ 同时适用于半整数阶与整数阶完美涡旋拓扑荷值的测量。

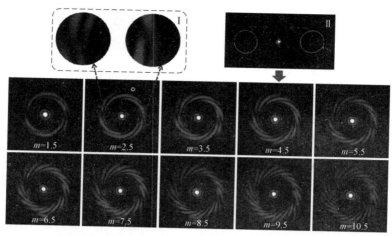

图 2-9　实验产生的 ±1 级半整数阶完美涡旋干涉图

Fig.2-9　Interference patterns of the ±1st-order perfect optical
vortices with half-integer topological charge

　　为了可视化叉丝的形成过程，图 2-10 展示了拓扑荷值从 2.1 间隔为 0.1 选取到 3.0 的完美涡旋干涉图。由图中可以看到，当拓扑荷值从 2.1 增加到 2.5 时，叉丝逐渐出现。当拓扑荷值继续增加到 3 时，每个叉丝分裂成两个条纹。该过程为一个连续变化的过程，难以定量的确定涡旋光束的准确拓扑荷值。

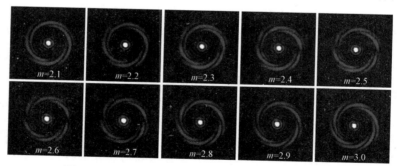

图 2-10　实验产生的 ±1 级分数阶完美涡旋干涉图

Fig.2-10　Interference patterns of the ±1st-order perfect optical
vortices with fractional topological charge

2.5　本章小结

　　本章首先简述了完美涡旋光场的理论表达，由于完美涡旋光场表达式含

有 δ 函数属于理想状态下的函数，因此理论上的完美涡旋在实验中无法生成。为此，研究者们选取不同的函数在实验中近似代替 δ 函数。关于近场完美涡旋，主要使用环形光阑调制技术，再经过 4-f 滤波系统生成完美涡旋。该方法能量利用率低但是传输稳定，适合于光通信。远场完美涡旋生成技术主要有振幅相位元件法与纯相位法。这其中，以纯相位元件中的锥透镜法最为普遍。其在理论上相当于使用环形的高斯函数近似代替了 δ 函数，从而实现了完美涡旋的生成。该方法经过两次近似，所生成的完美涡旋光场的近似程度较高，但是因为其操作简单，便于推广。本书后几章均是采用的此方法生成完美涡旋。

此外，关于完美涡旋的检测，本书提出了完美涡旋拓扑荷值原位测量技术。利用全息原理所生成的±1 级光束叠加，实现了在不改变原光路的情况下拓扑荷值的干涉测量。并且，由于两干涉光束经过了相同的光学元件，因此，在实验测量中不会受到环境震动与寄生干涉的影响。该技术为完美涡旋提供了一种简便、快捷、方便的拓扑荷值测量技术，为完美涡旋进一步的应用创造了条件。此外，该技术还适用于其他仅在傅里叶面存在的光场，在行业中具有重要的科学意义，基于此在《光学快报》（Optics Letters）上发表一篇文章，并被《中国激光》杂志作为 2017 年光学重要成果推荐。

第 3 章

完美涡旋光场模式的调控

自 2013 年完美涡旋提出以来，关于完美涡旋的产生、调控、表征及应用涌现了大量优秀的研究成果。从光束本身出发，完美涡旋可以划分为标量完美涡旋、矢量完美涡旋、超快完美涡旋及完美涡旋阵列。这些光束又进一步拓展了涡旋光束的工程应用领域，例如，光通信领域中，增加了 OAM 耦合态的数量[158]；微操纵领域，实现了 OAM 的定制[38]；表面等离激元的激发中，提高了激发效率[89]等。然而，完美涡旋的优点正是其研究面临困境的根本所在，其模式分布过于单一，难以满足工程应用领域的广泛需求。因此，扩充完美涡旋的模式分布成为了完美涡旋迫需解决的问题。本章为了解决该问题，提出了三种切实可行的方法：非对称完美涡旋模式的生成、多完美涡旋叠加模式分布、可调密堆积完美涡旋阵列分布。

3.1 非对称完美涡旋光场模式的生成

首先联系生活中一个比较有意思的现象，当一个球体，比如篮球，受到挤压的时候，它会由一个球形变为椭球形。那么这个过程在数学中是如何实现的？两种等效的思路：其一是描述篮球本身的函数发生了变化，这是最直观的一种思路；其二是篮球本身没有变化，其所建立的坐标系发生了变化。这两种思路是等效的，但是从第二个思路中可以得到一个有意义的结论：一个球体发生形变，在数学中可以考虑为坐标系的变化，而与发生变化的球体的性质无关。完美涡旋在理论上是基于极坐标系而建立的，那么如果把坐标系拉伸（压缩），完美涡旋也应该相应的发生形变。

出于该思路，考虑式（2－11）所设计的掩模版建立的坐标系改为一个可以拉伸（压缩）的坐标系，其与笛卡尔坐标系的变换关系为 $su=\rho'\cos(\varphi')$ 和 $v=\rho'\sin(\varphi')$，为了便于描述，这种新坐标系本书称为椭圆坐标系，但是区别于数学中常用的椭圆坐标系，该坐标系由一族等离心率的椭圆组成。s 为一个常数，称为比例因子。(u, v) 表示笛卡尔坐标下的物平面。此时，式（2－11）对应的是比例因子 $s=1$ 的情况。在此基础上，光场掩模版复透过率函数可以表述为：

$$t(\rho', \varphi') = \mathrm{circ}\left(\frac{\rho'}{R}\right)\exp[\mathrm{i}k(n'-1)\alpha\rho' + \mathrm{i}m\varphi'] \tag{3-1}$$

下面考虑空间光调制器远场的光场分布。由笛卡尔坐标系下的傅里叶变换公式可以推到出该椭圆坐标系下傅里叶变换表达式为：

$$E(r', \theta') = \frac{k}{\mathrm{i}2\pi f}\iint E(\rho', \varphi')\exp\left[-\mathrm{i}\frac{k}{f}\frac{\rho'r'}{s}\cos(\theta'-\varphi')\right]\frac{\rho'}{s}\mathrm{d}\rho'\mathrm{d}\varphi' \tag{3-2}$$

其中，(r', θ') 为频谱面椭圆坐标系，与频谱面笛卡尔坐标系变换关系为 $x=r'\cos(\theta')$ 和 $sy=r'\sin(\theta')$，相对于物平面长轴旋转了 $\pi/2$。

将式（3－1）带入式（3－2）化简可以得到类似于式（2－12）的光场形式：

$$E(r', \theta') = \frac{2\omega_0\mathrm{i}^{m-1}}{\omega_s}\exp(\mathrm{i}m\theta')\exp\left[-\frac{(r'-r_0)^2}{(\omega_s/2)^2}\right], \omega_s = s\omega \tag{3-3}$$

与式（2－12）的区别在于，所使用的坐标系为椭圆坐标系 (r', θ')，因此式（3－3）为椭圆完美涡旋的表达式。此外，其环宽增加了 s 倍，因此，完美涡旋的特性会比相同条件下式（2－12）所表述的完美涡旋弱。另外，当 $s=1$ 时，椭圆坐标系会退化为极坐标系，式（3－3）也将变为式（2－12）的形式。

接下来尝试对椭圆完美涡旋形状、位置进行标定。因此考虑到将椭圆坐标系定义式求平方和可以得到：

$$\frac{x^2}{r'^2} + \frac{y^2}{r'^2/s^2} = 1 \tag{3-4}$$

该表达式表示一族椭圆，当 $0<s<1$ 时，椭圆离心率 $e=\mathrm{sqrt}(1-s^2)$；当 $s>1$ 时，$e=\mathrm{sqrt}(1-1/s^2)$。当 $r'=r_0$ 时，式（3－4）为椭圆完美涡旋光束的椭圆亮环位置表达式。

因此，从笛卡尔坐标变换到椭圆坐标可以很容易地生成近似的椭圆完美涡旋光束。该方法的优点是通过调节比例因子 s，可以实现圆形完美涡旋到椭圆完美涡旋的自由变换。

使用图 2-4 所示的光路图，实验得到的椭圆完美涡旋如图 3-1 所示。为了获得准确的模式转换，当 $s=1$ 时，光路应按照 $e\sim10^{-3}$ 标准进行准直，此时对应于完美涡旋模式的光强图是一个圆环。选取拓扑荷值 $m=1$、10，调控比例因子 s，完美涡旋光束逐渐从圆形转换为椭圆形分布。当 $0<s<1$ 时，圆沿水平方向被挤压为一个椭圆，随着比例因子 s 的减小，离心率增加。相反，当 $s>1$ 时，圆沿水平方向被拉伸为一个椭圆。

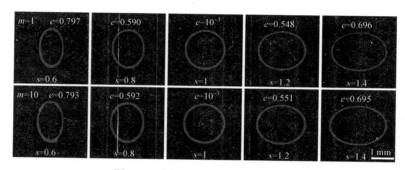

图 3-1 椭圆完美涡旋的模式变换

Fig.3-1 Modes transformation of the elliptic perfect optical vortex

计算图 3-1 所示模式的离心率，得到了 $m=1$ 和 $m=10$ 时实验结果与式（3-4）给出的理论值之间的相关系数分别为 0.999 3 和 0.999 7，说明实验得到的模式的空间结构比较理想。选取合适的比例因子 s，在实验光路孔径允许的情况下，研究者可以得到任意离心率的椭圆形完美涡旋光束。

下面对所生成的椭圆形完美涡旋的性质进行验证，为此，图 3-2 展示了不同拓扑荷值分别为 1，3，5，7 和 9 的椭圆完美涡旋的光强图。图中括号中的值分别是半长轴和半短轴的长度，单位为 mm。计算得到，当 $s=0.5$ 和 $s=2$ 时，半长轴和半短轴的相对误差均小于 2.5%。结果表明，椭圆完美涡旋满足完美涡旋的特性，它们的半长轴和半短轴与拓扑荷值变化无关。

接下来，使用 2.4 章拓扑荷值原位测量技术对椭圆完美涡旋是否保留了螺旋相结构进行了分析。图 3-3 显示了图 3-2 中椭圆完美涡旋与它们的共轭光束之间的干涉光强图。结果显示，在每一种模式中都观察到椭圆螺旋干涉条纹，且条纹数是相应拓扑荷值的两倍，证明了椭圆完美涡旋螺旋相位的存在。

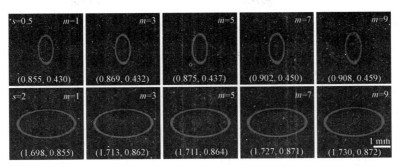

图 3－2　不同拓扑荷值下椭圆完美涡旋的光强分布图（上行和下行分别为 $s=0.5$ 和 $s=2$）

Fig.3－2　Intensity distributions of elliptic perfect optical vortex with different topological charges [$s=0.5$ (top row), $s=2$ (bottom row)]

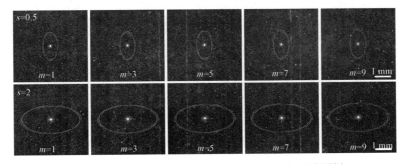

图 3－3　椭圆完美涡旋与其共轭光束之间的干涉图样

Fig.3－3　Interference patterns between the elliptic perfect optical vortex and their conjugate beams

　　分数阶涡旋可以提供更多的操纵自由度，因此生成分数阶椭圆完美涡旋具有重要的意义。图 3－4 显示了 $m=1.5$ 和 $m=10.5$ 的分数阶椭圆完美涡旋，第一行为实验光强图，第二、三行为理论模拟的光强与相位分布。由图可得，实验结果与理论模拟吻合较好。此外，图中可以看出，与传统分数阶光学涡旋类似，分数阶的椭圆完美涡旋也会在光束一侧形成缺口。

　　图 3－4 左侧两列基于前述椭圆坐标得到，其缺口位于右侧，类似于常规的分数光学涡旋[159]。为了改变间隙的位置，坐标变换改为 $su=\rho'\sin(\varphi')$，$v=\rho'\cos(\varphi')$，$x=r'\sin(\theta')$，$sy=r'\cos(\theta')$，对应结果如图 3－4 右侧两列所示。与左图坐标变换相比，角向坐标旋转了 $\pi/2$，从而导致光束缺口发生偏移，并使 m 的符号反转，如图 3－4（c）和（d）所示。然而，由于椭圆方程不变［式（3－4）］，椭圆的长轴和短轴的离心率和方向不变。因此，对于分数阶椭圆完美涡旋会存在多种模式分布，表 3－1 所示。该结果打破了完

美涡旋模式单一的困境，关于该技术的详细内容可以参考笔者硕士期间论文［Optics Express，26，651（2018）］[1]。

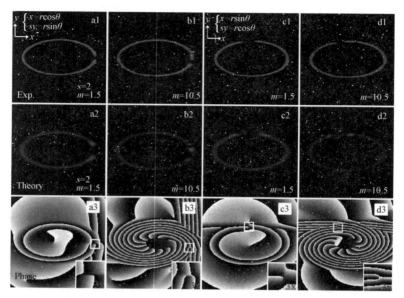

图 3-4　具有不同缺口位置的分数阶椭圆完美涡旋模式

Fig.3-4　Fractional elliptic perfect optical vortex modes with different gap positions

表 3-1　不同坐标转换下四种分数阶椭圆完美涡旋的性质

Tab.3-1　Properties of four types of fractional elliptic perfect optical vortex under different coordinate transformations

SLM 平面坐标	CCD 平面坐标	涡旋方向	长轴位置	缺口位置	光强	相位
$\begin{cases} su = \rho\cos(\varphi) \\ v = \rho\sin(\varphi) \end{cases}$	$\begin{cases} x = r\cos(\theta) \\ sy = r\sin(\theta) \end{cases}$	逆时针	水平轴	右侧		
$\begin{cases} su = \rho\sin(\varphi) \\ v = \rho\cos(\varphi) \end{cases}$	$\begin{cases} x = r\sin(\theta) \\ sy = r\cos(\theta) \end{cases}$	顺时针	水平轴	顶部		
$\begin{cases} u = \rho\cos(\varphi) \\ sv = \rho\sin(\varphi) \end{cases}$	$\begin{cases} sx = r\cos(\theta) \\ y = r\sin(\theta) \end{cases}$	逆时针	垂直轴	右侧		
$\begin{cases} u = \rho\sin(\varphi) \\ sv = \rho\cos(\varphi) \end{cases}$	$\begin{cases} sx = r\sin(\theta) \\ y = r\cos(\theta) \end{cases}$	顺时针	垂直轴	顶部		

[1] 中国激光. 播光|完美涡旋光场里对"不完美"的改进［EB/OL］.（2018-01-30）［2020-11-01］. http://mp.weixin.qq.com/s/cKbDgvfQOktCM6QXRmeqZw.

3.2 完美涡旋模式的叠加

3.2.1 基于完美涡旋生成环形及椭圆环形涡旋阵列

首先假设两个同心完美涡旋光束（E_1 和 E_2）分别具有不同的半径 r_1 和 r_2，拓扑荷值分别为 $m_1 = 5$ 和 $m_2 = -5$［分别如图 3-5（a）和（b）所示］。同时，这两个完美涡旋有相同的环宽度 ω，其叠加的复振幅由下式给出

$$E(r,\theta) = E_1(r,\theta) + E_2(r,\theta) \tag{3-5}$$

将式（2-12）代入方程（3-5）得：

$$E(r,\theta) = C\exp(\mathrm{i}m_1\theta)\exp\left[-\frac{(r-r_1)^2}{(\omega/2)^2}\right] + C\exp(\mathrm{i}m_2\theta)\exp\left[-\frac{(r-r_2)^2}{(\omega/2)^2}\right] \tag{3-6}$$

假设两个方程具有相同的常数 C。由于完美涡旋光场分布为环形，因此干涉只出现在两同心环相重叠的区域，如图 3-5（c）所示，其中环重叠的宽度和干涉环半径分别记为 ω_c 和 r_c。图中显示干涉环上形成了一系列暗核。为此，选取图中半径为 r_c 的干涉环（图中白色虚线表示）为研究对象，对暗核成因进行研究。由于两完美涡旋环宽相同，因此得到 r_c 与 r_1、r_2 之间的关系，即：$r_c = (r_1 + r_2)/2$ 和 $(r_c - r_1)^2 = (r_c - r_2)^2$。因此式（3-6）可以化简为：

$$
\begin{aligned}
E(r_c,\theta) &= C\exp(\mathrm{i}m_1\theta)\exp\left[-\frac{(r_c-r_1)^2}{(\omega/2)^2}\right] + C\exp(\mathrm{i}m_2\theta)\exp\left[-\frac{(r_c-r_2)^2}{(\omega/2)^2}\right] \\
&= C\exp\left[-\frac{(r_c-r_1)^2}{(\omega/2)^2}\right]\left[\exp(\mathrm{i}m_1\theta) + \exp(\mathrm{i}m_2\theta)\right] \\
&= 2C\exp\left[-\frac{(r_c-r_1)^2}{(\omega/2)^2}\right]\exp\left(\mathrm{i}\frac{m_1+m_2}{2}\theta\right)\cos\left(\frac{m_2-m_1}{2}\theta\right)
\end{aligned}
$$

进一步得到光强分布为：

$$I(r_c,\theta) = |E(r_c,\theta)|^2 = C_1\cos^2\left(\frac{m_2-m_1}{2}\theta\right) \tag{3-7}$$

C_1 是一个比例常数：

$$C_1 = \left\{2C\exp\left[-\frac{(r_c-r_1)^2}{(\omega/2)^2}\right]\right\}^2$$

由式（3−7）得，圆上暗点数量 $N=|m_2-m_1|$，其中 m_1 和 m_2 分别代表外、内两完美涡旋的拓扑荷值。通过观察可以发现图 3−5（c）中有 10 个暗核，与公式 $N=|m_2-m_1|=|-5-5|=10$ 一致。

为了确定图 3−5（c）中的暗核是否是光学涡旋，令图 3−5（c）中的图案与如图 3−5（d）所示的球面波干涉，干涉结果如图 3−5（e）所示。从图 3−5（e）中可以看到，图 3−5（c）中每个暗核位置处均明显地形成了一个叉丝[160]，证明每个暗核处存在单位拓扑荷值的光学涡旋。该结果从光场相位图也可以直观看到，图 3−5（f）所示。上述内容证明了通过两同心完美涡旋叠加可以生成涡旋阵列光场结构，该阵列命名为环形光学涡旋阵列（简称 COVA）。

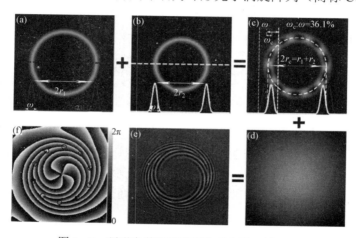

图 3−5　环形光学涡旋阵列生成和验证原理图

（a）半径为 r_1，$m_1=5$ 的完美涡旋光强图；（b）半径为 r_2，$m_2=-5$ 的完美涡旋光强图；
（c）（a）和（b）叠加产生的环形光学涡旋阵列光强图；（d）球面波的强度；
（e）（c）与（d）之间的干涉；（f）对应于（c）的相位图，圆环表示相位顺时针方向增加

Fig.3−5　Circular optical vortex array generation and verification

（a）intensity distribution of perfect optical vortex with radius of r_1 and $m_1=5$；（b）intensity distribution of perfect optical vortex with radius of r_2 and $m_2=-5$；（c）intensity distribution of circular optical vortex array for superposed （a）and（b）；（d）intensity of a spherical wave；（e）the interference between（c）and（d）；（f）phase pattern corresponding to（c），the cycles represent the clockwise direction of phase increase

从上述分析可知，生成环形光学涡旋阵列应满足两个初始条件。首先，必须使用两同心完美涡旋叠加，这确保了具有不同拓扑荷值的光束可以在空间上重叠。其次，为了形成光强暗核，数值模拟测量得到重叠比 ω_c/ω 的最佳值为 36%。此外，以环形光学涡旋阵列的每个子涡旋的涡旋壁强度下降到最

大强度的 1/e 为阈值，得到重叠比在 21%～51% 的范围内均能产生环形光学涡旋阵列。

　　该部分所用的实验装置是在图 3−4 所述的实验图基础上搭建了一个参考光路用以组成一个 Mach−Zehnder 干涉仪对实验结果进行干涉验证，图 3−6 所示。此外，生成环形光学涡旋阵列的掩模版需要叠加两个完美涡旋光束掩模版，其复透过率函数可以表示为：

$$t(\rho,\varphi)=\exp[\mathrm{i}k(n'-1)\alpha_1\rho+\mathrm{i}m_1\varphi]+\exp[\mathrm{i}k(n'-1)\alpha_2\rho+\mathrm{i}m_2\varphi] \qquad (3-8)$$

　　由于两个完美涡旋具有相同的生成光路，确保了它们在 CCD 记录平面处完全同心。为了满足上述两个完美涡旋环的叠加条件，需要调整锥透镜的锥角 α_1 和 α_2 以确定最佳值。

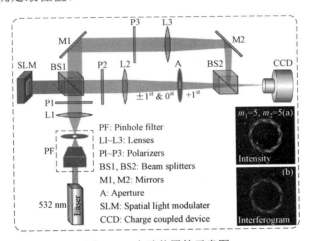

图 3−6　实验装置的示意图

Fig.3−6　Schematic of the experimental setup

　　使用上述掩模版，选取不同的锥角得到实验结果图 3−7 所示。此时，两个完美涡旋光束的拓扑荷值取值分别是 $m_1=5$ 和 $m_2=-5$。将其中一个完美涡旋锥角参数设置为常数（$\alpha_1=0.1$ rad），通过调整 α_2 来实现对另一个完美涡旋的环半径从小于逐渐增加到大于第一个完美涡旋环半径。相应的，两完美涡旋从分离到重叠并再次分离，如图 3−7 的顶行所示。为了验证环形光学涡旋阵列的暗核为涡旋，图 3−7 的底行展示了顶行和球面波的干涉图样，其中插图是虚线区域的 2 倍放大图。对比图 3−7 顶部和底部图案，当锥角差 $|\alpha_1-\alpha_2|$ 是 0.01 rad 时（通过计算，ω_c/ω 约为 36%），环形光学涡旋阵列被生成出来，如图 3−7（b1）和（d1）所示。当 ω_c/ω 的比值偏离该值时，环形光学涡旋阵

列将逐渐衰减并消失。

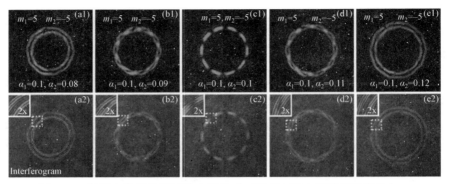

图 3-7　环形光学涡旋阵列的实验生成（顶部：两个完美涡旋的叠加，
底部：顶部所示的强度与球面波之间的干涉）

Fig.3-7　Experimental generation of the circular optical vortex array
（Top row：superposition of the two perfect optical vortices，bottom row：
interference between the intensity of the top and a spherical wave）

　　通过计算，观察到环形光学涡旋阵列的子涡旋数量服从于公式 $N=|m_2-m_1|=10$，这与前面所述的理论和模拟结果一致。然而，当两个完美涡旋交换外部和内部位置时，环形光学涡旋阵列环上每个光学涡旋的符号反向，图 3-7（b2）和（d2）中所示的反向叉丝证明了该结论。进一步研究其规律性，数值仿真了不同拓扑荷值选取下环形光学涡旋阵列的相位图，图 3-8 所示。m_1 和 m_2 分别是位于外部和内部完美涡旋的拓扑荷值。对比该图上下两行，发现不管两个完美涡旋的符号是相同还是相反的，只要两个完美涡旋交换位置，环形光学涡旋阵列中的子涡旋符号就会反向。原因在于环形光学涡旋阵列环内外边界处两完美涡旋不重合，使得该区域仍然保持着完美涡旋光场分布。这就给环形光学涡旋阵列的相位分布确定了明确的边界条件，由于两边界拓扑荷值不等量，因此为了满足边界条件，形成了相应的奇点以抵消边界的拓扑荷值。如果交换两个完美涡旋位置，则内外边界条件对调，使得等量且与原先相反的子涡旋形成。因此子涡旋数量与方向均由边界处的拓扑荷值确定，可以表示为：$N=m_2-m_1$，其中，N 的绝对值和符号分别确定环形光学涡旋阵列中子涡旋的数量和符号。

　　下面研究两完美涡旋固有参数对环形光学涡旋阵列的影响，比如内、外环拓扑荷值 m_1 和 m_2，锥透镜的锥角 α_1 和 α_2 以及入射高斯光束束腰 ω_0。为了简单起见，令两完美涡旋的束腰相同，仅研究拓扑荷值与锥角对环形光学涡旋阵列的调控。

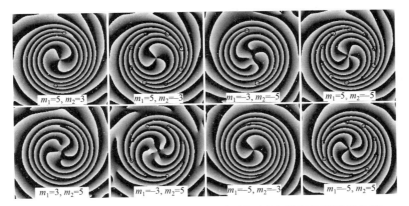

图 3-8 不同拓扑荷值的完美涡旋叠加的环形光学涡旋阵列相位图
（深色圆圈和为浅色圆圈圆圈分别代表负向和正向光学涡旋）

Fig.3-8 Phase patterns of the circular optical vortex array with different topological
charges of the perfect optical vortices（Dark and light-colored circles
the brunet and light-colored circles in printed version）respectively
represent the negative and positive optical vortices）

图 3-9 顶行展示了拓扑荷值取不同值时环形光学涡旋阵列光场的变化。
图中显示了子涡旋数量从左到右分别是 9、7、5、3、1，与上述公式 $N=m_2-m_1$
保持一致，验证了上述理论的正确性。此外，调控涡旋数量会发现涡旋形状
与尺寸有明显的变化。特别是，当 $|m_2-m_1|=1$ 时，形成了一个新月形的子涡旋，
其对特殊结构的冷原子簇和细菌细胞的捕获与操纵具有重要的意义[161,162]。

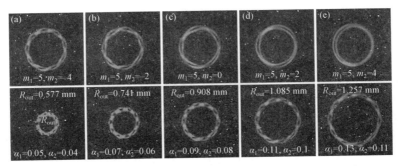

图 3-9 完美涡旋拓扑荷值对环形光学涡旋阵列涡旋数目的调控［其中 $\alpha_1=0.1$ 和
$\alpha_2=0.11$（顶行）；环形光学涡旋阵列的半径调制，其中 $m_1=5$ 和 $m_2=-5$（底行）］

Fig.3-9 Vortex numbers modulation in the circular optical vortex array via the topological
charges of the perfect optical vortices with $\alpha_1=0.1$ and $\alpha_2=0.11$（top row）and the radius
modulation of the circular optical vortex array with $m_1=5$ and $m_2=-5$（bottom row）

为了研究参数 α_1 和 α_2 对环形光学涡旋阵列的影响,图 3-9 底行展示了 α_1 和 α_2 取不同值,且间隔恒定,即 $\alpha_2 = \alpha_1 - 0.01$ 时环形光学涡旋阵列的光强分布。如图 3-9 所示,环形光学涡旋阵列环半径与锥角的值成正比。为了保证计算精确,使用环形光学涡旋阵列外接圆表示环形光学涡旋阵列环的大小。通过拟合实验数据,发现外接圆半径与锥角 α_1 成线性关系 $R_{out} = 8.52\alpha_1 + 0.146\,8$,相关系数为 0.999 72。该结论为环形光学涡旋阵列环大小的定量调控提供了依据。

在干涉理论中,初始相位差的改变,会伴随条纹位置的移动。因此,下面研究两完美涡旋之间施加初始相位差 Ψ_0 时,环形光学涡旋阵列光场模式的变化。

简单起见,给定外环完美涡旋的初始相位为 Ψ_0,内环完美涡旋的初始相位为 0。因此,式(3-5)被重写为:

$$E(r,\theta) = E_1(r,\theta)\exp(i\psi_0) + E_2(r,\theta) \qquad (3-9)$$

重复理论运算,式(3-7)可以被重写为:

$$I(r_c,\theta) = |E(r_c,\theta)|^2 = C_1\cos^2\left(\frac{m_2 - m_1}{2}\left(\theta + \frac{\psi_0}{m_1 - m_2}\right)\right) \qquad (3-10)$$

与式(3-7)相比,环形光学涡旋阵列环上的每个涡旋旋转了 $\Psi_0/|m_1 - m_2|$ 的角度,$\Psi_0/(m_1 - m_2)$ 的符号决定旋转的方向:如果符号为正,则环形光学涡旋阵列逆时针旋转,反之亦然。

图 3-10 显示了不同 Ψ_0 值的环形光学涡旋阵列光强分布。两相邻的涡旋分别用黑色(打印版为较深的颜色)和白色(打印版近似为白色)的虚线标记,它们的对应角度分别表示为 θ_1 和 θ_2。当 Ψ_0 的值改变时,使黑色虚线标记的位置固定作为参考线,白线随涡旋旋转。实验发现对于给定的相位差 Ψ_0,环形光学涡旋阵列旋转角度为 $\Psi_0/(m_1 - m_2)$,且由于 $\Psi_0/(m_1 - m_2)$ 的符号为正,因此环形光学涡旋阵列逆时针旋转,与上述理论结果一致。

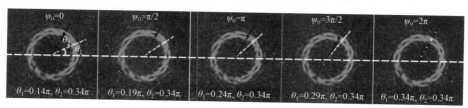

图 3-10　拓扑荷值分别为 $m_1 = 5$,$m_2 = -5$ 的两个具有不同初始相位差的完美涡旋的环形光学涡旋阵列图

Fig.3-10　Circular optical vortex array patterns with different initial phase differences between the two perfect optical vortices with topological charges, $m_1 = 5$, $m_2 = -5$

在 Ψ_0 增加的过程中，θ_2 的角度逐渐增大且白线逐渐接近参考线。最后，当相位差 $\Psi_0=2\pi$ 时，后一个涡旋旋转到前一个涡旋的初始位置，白色和黑色虚线重合。因此，当相位差变为 2π 时，环形光学涡旋阵列环旋转角度为 $2\pi/|m_1-m_2|$ 并与自身重叠。换句话说，环形光学涡旋阵列的旋转周期是 $2\pi/|m_1-m_2|$，且与初始相位差周期吻合。因此，如果相位差 Ψ_0 继续下一个周期无限增加，环形光学涡旋阵列环将不断旋转。该结果论证了环形光学涡旋阵列角向的精确可控性。该技术还可进一步拓展为多环形光学涡旋阵列，每环涡旋性质可以独立调控（本人硕士期间论文[Ann. Phys.（Berlin），529，1700285（2017）]），篇幅所限本书不再详细研究。

此外，使用 3.1 章节中的坐标变换技术进行拓展，可以得到椭圆环形光学涡旋阵列，图 3–11 所示。第一行为数值仿真光强图，第二行为实验光强分布，第三行为 ±1 级干涉实验光强图（2–4 章所提出的拓扑荷值检测技术）。从图中可知，阵列除了椭圆离心率改变以外，阵列子涡旋数量与符号均与环形光学涡旋阵列规律相同。

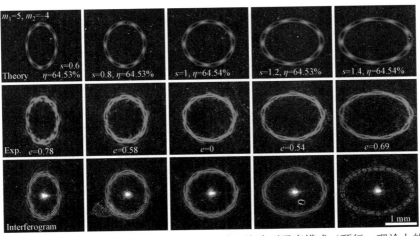

图 3–11　不同比例因子 s 下的椭圆环形光学涡旋阵列强度模式（顶行：理论上的强度模式；中行：实验生成的强度模式；底行：±1 级间的实验干涉）
Fig.3–11　Intensity distributions of elliptic annular optical vortex array with different scale factors s（Theoretical intensity patterns（top row），experimental intensity patterns（middle row），and experimental interferograms between the ±1st orders（bottom row））

3.2.2　密堆积完美涡旋阵列的生成

完美涡旋作为一种新型光场，其阵列模式在波分复用等领域的研究具有重要的意义。因此，完美涡旋阵列模式也备受研究者们的关注。例如，2015年，上海光机所周常河课题组基于二维相位编码光栅提出了一种完美涡旋方阵[41]，首次解决了完美涡旋阵列生成问题。随后，2016 年，北京理工高春清课题组提出了可控衍射级与拓扑荷值的完美涡旋阵列结构[42]，进一步发展了完美涡旋阵列的产生技术。同年，哈尔滨工程大学李岩课题组将完美涡旋阵列拓展为 3 维，在紧聚焦的情况下提出了 3 维完美涡旋阵列结构[77]。然而目前的研究中，产生的完美涡旋阵列结构模式比较单一，主要为方阵。此外，对于一些多芯光纤往往需要密堆积阵列结构，使得目前的完美涡旋阵列难以应对这些领域的应用需求。为此，借鉴固体物理领域晶体结构的思想，结合逻辑运算，本书提出了一种具有可控结构的密堆积完美涡旋阵列。

首先将每个单独的光学涡旋看作是一个布拉菲格子。如图 3-12 所示，区域Ⅰ表示四方密堆积阵列结构，区域Ⅱ、Ⅲ表示最密排堆积也就是六方密堆积。为简单起见，阵列中的每个完美涡旋都具有相同的半径和环宽。

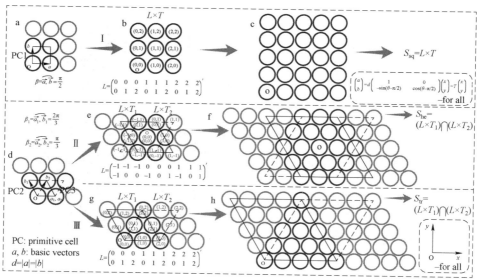

图 3-12　产生具有可控结构密堆积完美涡旋阵列的过程
（路径Ⅰ：a→b→c，产生方形光学涡旋阵列；路径Ⅱ：d→e→f，产生紧排布六边形光学涡旋阵列；路径Ⅲ：d→g→h，产生紧排布三角形光学涡旋阵列）
Fig.3-12　Processes of production of close-packed optical vortex lattices with controllable structures
（Route Ⅰ：a→b→c，to produce a square optical vortex lattice.
Route Ⅱ：d→e→f，to produce a close-packed hexagonal optical vortex lattice.
Route Ⅲ：d→g→h，to produce a close-packed triangular optical vortex lattice.）

对于区域Ⅰ的四方密堆积方式，由基矢 **a**，**b** 构造原胞（PC1），形成点阵坐标的角度为 β，如图 3–12（a）所示。通过扩展 PC1，可以获得较大的点阵，例如 3×3、5×5 点阵，如图 3–12（b）和（c）所示。

晶格坐标（a，b）和笛卡尔坐标（x，y）之间的关系满足下面的表达式：

$$\begin{pmatrix} a \\ b \end{pmatrix} = d \begin{pmatrix} 1 & 0 \\ -\sin(\beta - \pi/2) & \cos(\beta - \pi/2) \end{pmatrix} \begin{pmatrix} x \\ y \end{pmatrix} \equiv T \begin{pmatrix} x \\ y \end{pmatrix} \qquad (3\text{–}11)$$

其中 d 代表基向量的长度。在这里，$d=|a|=|b|$。L（·）表示格点的原胞晶格坐标矩阵，原胞在空间中的拓展可以通过 L 取相邻几个整数的重复排列得到。所取整数的个数等于格子行数，例如，图 3–12（b）中的晶格坐标是由整数 0，1，2 构成。图 3–12（b）给出了晶格坐标和相应的矩阵 L（晶格坐标矩阵）。类似地，5×5 阵列的晶格坐标矩阵为 0～4 范围内整数的重复排列。则完美涡旋在空间直角坐标系下的坐标值可由公式 $S_{sq}=L \times T$ 得到（S_{sq} 代表方形晶格直角坐标）。

对于最密排的堆积方式，构造了两种菱形原胞，如图 3–12（d）所示，两个菱形原胞分别为 PC2 和 PC3。扩展这些原胞可以得到较大的菱形阵列。通过菱形晶格的逻辑运算得到可控制的多种晶格结构。如图 3–12（e），（f）为通过两种菱形晶格进行"且"运算产生的六边形晶格。需要注意的是，最密排堆积方式使用了两种原胞，即使用了两套晶格坐标系，因此必须先通过式（3–11）转变为空间直角坐标系，从而统一坐标后在使用逻辑运算。选取不同的格点坐标矩阵 L，三角形格子阵列也可以很容易的实现，如图 3–12（g），（h）所示。因此，六边形和三角形的笛卡尔坐标满足相同的表达式：$S_{he}=S_{tr}=(L \times T_1) \cap (L \times T_2)$。总的来说，通过对菱形原胞组成的基础晶格进行逻辑运算（包括"或""且""非"），研究者可以得到多种阵列结构。

为了实现具有可控结构的密堆积完美涡旋阵列的产生，根据光束独立传播原理，通过一系列相位掩模的叠加，结合傅里叶变换的相移技术设计了一种基于不同相移量的相位掩模，其复表达式为：

$$t = \sum_{n=1}^{N} \exp[-\mathrm{i}k(n'-1)\rho\alpha_n]\exp(\mathrm{i}m_n\varphi)\exp[\mathrm{i}2\pi(S_{n,1}u + S_{n,2}v)] \qquad (3\text{–}12)$$

其中 N 代表阵列中子完美涡旋的总数，$S_{n,1}$ 和 $S_{n,2}$ 分别代表阵列位置矩阵 S 的阵列元素，其物理意义是第 n 个完美涡旋的相移参数。式（3–12）的第一项为锥透镜因子，确保完美涡旋的生成，第二和第三项分别表示螺旋相位因子和相移因子。

使用图 3-4 所示的光路图，在实验中生成了四种典型的密堆积完美涡旋阵列：方形、菱形、六角形、三角形结构，如图 3-13 所示。迪拉克符号表示轨道角动量态，它们的值代表每个晶格元素的拓扑荷值。通过调整基向量 d 的长度，可以任意控制两个相邻晶格元素的间隔。图 3-13 中不同列代表不同 d 值选取下的阵列分布。根据图 3-15 中的原理，对于密排布的条件，理论上推导出基矢长度与晶格单元半径之间的关系应满足 $d=2r_0$。当 $d=2r_0$ 时，干涉会对相邻的边界产生轻微的影响。因此，由于寄生光相干性和非理想的完美涡

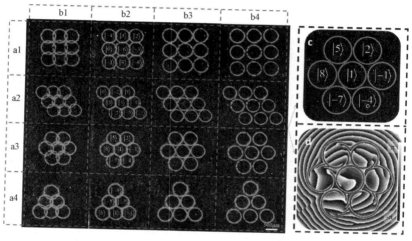

图 3-13 不同结构下光学涡旋阵列的紧排布条件

（a1~a4 行分别代表阵列间隔逐渐增大的阵列光强图。

b1~b4 列分别代表不同阵列结构光强分布。

b3 列代表满足紧密排列和精确区分条件下光学涡旋阵列的强度分布。

（c）和（d）分别代表六边形光学涡旋阵列的强度模式和相应的相位分布。

其中，拓扑荷值是 [-10,10] 之间的随机整数）

Fig.3-13 Close-packed arrangement conditions of optical vortex lattices with different structures

（Each row of a1~a4 shows that the intensity distributions of the optical vortex lattice with increasing interval between two adjacent lattice elements. Each column of b1~b4 shows that the intensity distributions of the optical vortex lattice with different structures. Column b3 is the intensity distributions of optical vortex lattice under the conditions of close-packed arrangement and exact distinction, simultaneously.

（c）and（d）are the intensity and corresponding phase distribution of a hexagonal optical vortex lattice, respectively. The topological charge values are given as random integers within[-10, 10]）

旋晶格元素，串扰总是出现在两个相邻的涡旋交界处。直观的，如果基向量 d 的长度远大于 $2r_0$，串扰就会被消除。然而，当基矢的长度太大时，密堆积排布的条件就被破坏。因此，存在一个阈值，以确保密堆积排列条件和精确区分。为了确定这个阈值，如图 3-13（c）、（d）所示，对一个六边形密堆积完美涡旋阵列的仿真结果进行比较。通过图 3-13（c），发现两个相邻晶格单元的分辨率受其轨道角动量的大小、符号、奇偶性的影响。简单来说，交界处光强值低于 1/e 的峰值可作为一个衡量标准。

　　阵列产生后，一个很重要的问题在于如何确定轨道角动量的存在以及它的大小。为此，一种方法是利用球面波和阵列干涉。但是，这种方法需要一个额外的干涉光路，使得光路变得更加复杂。此外，由于非同轴，拓扑荷值的大小不能通过数螺旋条纹的数量来确定。因此该方法只能验证角动量的存在而不能确定其大小[41]。这就使得本书在 2.4 章提出的相移方法成为了阵列确定拓扑荷值得最佳方案。图 3-14 即为拓扑荷值测量实验结构展示。

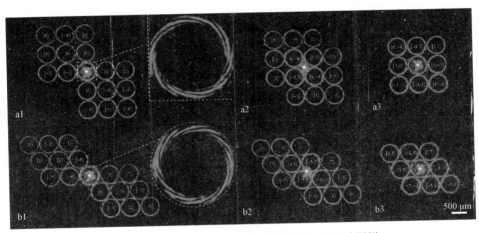

图 3-14　光学涡旋阵列和其共轭像之间的干涉图样
（叠加区域使用狄拉克符号 $|m_1$、$m_2>$ 表示）

Fig.3-14　Interference patterns between the optical vortex lattice and its conjugate image
（Dirac symbols of $|m_1, m_2>$ represent superposed areas）

　　通过相移调节，可以首先测出第一个完美涡旋拓扑荷值，如图 3-14（a1）和（b1）所示，螺旋条纹数分别为 8 和 10 且条纹旋转方向相反，得到拓扑荷值为 -4 和 5。随后，通过调控阵列移动 d 的整数倍，使第一个完美涡旋依次与其他完美涡旋重合即可根据公式 $N=m_1-m_2$（其中 N 为条纹数），得到阵列其他完美涡旋的拓扑荷值。对角线上另外两个完美涡旋拓扑荷值的测量如图 3-14 后两列所示。方阵对角线拓扑荷值分别为（-4，-6，-6），菱形对角线拓扑荷值分别为（5，-3，0）。

前面已经论述到每个完美涡旋拓扑荷值可单独确定，阵列结构可使用逻辑运算进行拓展。为此，下面展示几个更为复杂结构的例子。图 3-15（a）显示了带缺口的分数阶六边形阵列结构，其中每个晶格元素的拓扑荷值为 1.5。边界上的 6 个完美涡旋顺时针来看，完美涡旋依次逆时针旋转 π/3。图 3-15（b～e）依次展示了空心菱形晶格、奥运五环、蜂窝状的格子以及六芒星魔法阵。这些特殊的结构将会进一步拓展新的潜在应用，例如光照明诱导的自组装手性超结构，蜂窝状微结构材料的制造，微操纵粒子簇，以及其他特殊微结构材料的制造等。由于该技术的新颖性，笔者硕士阶段论文［Opt. Express，26，22965（2018）］作为 2018 年"中国光学十大进展"候选推荐①。

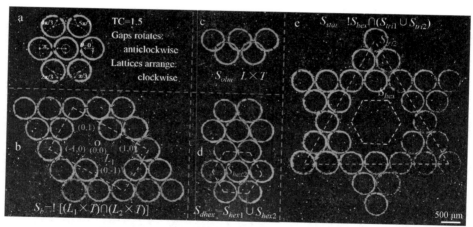

图 3-15　多种复杂可控结构的光学涡旋阵列的产生

Fig.3-15　More complex optical vortex lattices with controlled structures

3.3　本章小结

本章主要针对完美涡旋模式单一的困境，从两个角度对完美涡旋模式的

① 中国激光. 河南科技大学李新忠课题组：结构可控的紧排布光学涡旋阵列［EB/OL］.（2018-10-18）［2020-11-01］. http://mp.weixin.qq.com/s/qH6XTi_l8V35le3jubRtMg.

调控提出了三种切实可行的方法。① 打破完美涡旋的对称性,提出了非对称完美涡旋的生成技术。极大地拓展了单完美涡旋的模式分布,为完美涡旋进一步的工程应用做好了铺垫。② 使用多个完美涡旋生成复杂的叠加模式,提出了环形/椭圆环形涡旋阵列与紧排列完美涡旋格子阵列两项完美涡旋叠加模式的生成技术。

环形/椭圆环形涡旋阵列巧妙的利用了完美涡旋光环半径不随拓扑荷值增加而增大的性质,实现了任意拓扑荷值涡旋光束任意重叠比的干涉叠加,进而实现了"光学摩天轮"[48]式光场结构的灵活可调性,为超冷原子捕获[47]、玻色–爱因斯坦凝聚[125]、量子存储[163]等领域提供了更为灵活的光场结构。

紧排列完美涡旋格子阵列将每一个完美涡旋看作一个空间格子,实现了完美涡旋的精确定位。借鉴固体物理晶体结构的基本原理,对相邻几个整数进行重复排列得到原胞晶格坐标矩阵;利用坐标变换矩阵将生成的晶格坐标矩阵变换为空间直角坐标,随后对不同原包进行逻辑运算从而得到结构可控的紧排布完美光学涡旋阵列。该方法实验光路简单、生成的阵列结构丰富。并且该方法在光学阵列结构生成领域具有普适性。为多微粒操纵、微纳光敏材料制造、飞秒激光加工和基于 OAM 的光纤通信等领域的应用提供一种灵活可控的阵列结构光场。

该章节内容从光子基本物理维度角度出发,主要针对光的振幅及相位空间结构进行调控,进而衍生出丰富多样的光场结构,为完美涡旋应用的广泛性创造了条件。

第4章

具有中心对称结构的非对称涡旋光场

非对称涡旋光场的模式分布极为丰富和重要，但是以前的非对称涡旋光场的轨道角动量分布始终是一个连续分布的。然而，在一些特殊的情况下，例如细胞簇分离，具有分离的轨道角动量分布的非对称涡旋光场显得更加有用[164]。为了进一步丰富非对称光场的模式分布，本章通过结合四个局部的螺旋相位提出了一种新型非对称涡旋光场，称之为中心对称涡旋光场。通过数值分析和实验产生，本章对该中心对称涡旋光场的光强分布、轨道角动量态、轨道角动量密度等特性进行了详细的研究。研究发现该中心对称涡旋光场的轨道角动量分布满足中心对称分布，且被限制在一个光环内。中心对称涡旋光场轨道角动量密度的半径和大小可以被自由调节。我们的工作提供了一种具有特殊的光场分布的非对称涡旋光场，这在微加工、微粒操纵，特别是细胞分离方面具有重要意义。

4.1　中心对称涡旋光场的理论表述及实验产生

首先，本章在理论上研究了中心对称涡旋光场的生成过程。为了实现一个具有中心对称分布的光场，该中心对称涡旋光场的相位结合了四个传统涡旋光场的局部螺旋相位。这四个传统涡旋光场的拓扑荷值分别为 l_1, l_2, l_3, l_4，这些拓扑荷值之间满足关系 $l_1=-l_2=l_3=-l_4$。如图 4-1（a1）所示，具有不同的拓扑荷值的局部螺旋相位分别位于四个区域内：I，II，III，IV。为了简单地表示构成该中心对称涡旋光场的四个传统涡旋光场的拓扑荷值，本章定义了一个参数，称为相位重建因子（Phase Reconstruction Factor，PRF），该相位重建因子 PRF 与四个传统涡旋光场的拓扑荷值之间的关系为 PRF=l_1=−l_2=l_3=−l_4。该相位重建因子与平均拓扑荷值的概念不同的是，平均拓扑荷值恒等于零 [（l_1+l_2+l_3+l_4）/4=0]，而该中心对称涡旋光场的相位重建因子是一个整数。如图 4-1（c1）和（c2）所示为分解的中心对称涡旋光场的轨道角动量态[76,165]。该中心对称涡旋光场的轨道角动量态独立于四个传统涡旋光场的拓扑荷值（l_1，l_2，l_3 和 l_4），并且由于中心对称轨道角动量态，在 l'=0 的轨道角动量态下存在一个最大概率分布。此外，可以看出在 l'=2 和−2 的轨道角动量态下存在两个较大的概率分别。这是因为这四个传统涡旋光场的拓扑荷值分别有两个等于 2 和两个等于−2。如图 4-1 所示，在相位重建因子 PRF＞0 和相位重建因子 PRF＜0 的条件下，该中心对称涡旋光场具有相同的轨道角动量态分布和正交的光强分布。另外，由于涡旋光场具有角向的能流分布，因此局部涡旋光场分布在远场会发生旋转，导致光环上局域光强的干涉。在远场中，为了实现可控的干涉区域，本章通过调控锥透镜的锥角的大小来调节局部涡旋光场的旋转角度[113]。该中心对称涡旋光场的定义公式如下：

$$E(\rho,\theta)=\exp\left[-ik(n-1)\alpha\rho\right]\exp\left[i\sum_{n'=1}^{4}\mathrm{rect}\left(\frac{2\theta}{\pi}-\frac{5}{2}+n'\right)l_{n'}\theta\right] \quad (4-1)$$

其中（ρ，θ）表示极坐标系，k 表示波数，α 和 n 分别是锥透镜的锥角和锥透镜的折射率。rect（·）是实现选择四个局部螺旋相位并进行重构的矩形函数，$l_{n'}$ 是决定中心对称涡旋光场局部轨道角动量的拓扑荷值。需特别注意的是，根据拓扑荷值的定义，中心对称涡旋光场的拓扑荷值由关系式 L=l_1+l_2+l_3+l_4 给出，因此其拓扑荷值为常数且恒等于 0。

实验装置示意图如图 4-2 所示。使用一台连续波的固体激光器（波长为 λ=532 nm）。然后通过一个针孔滤波器和一个小孔光阑来获得一束近似的平面波。获得的近似平面波照射在反射式纯相位液晶空间光调制器（SLM，HOLOEYE，Berlin，Germany PLUTO-VIS-016，像素尺寸：8 μm×8 μm）上。重要的是，在空间光调制器之前使用的偏振器 P1 是由于空间光调制器只对水平偏振光束响应。此外，空间光调制器后使用的偏振器 P2 是为了消除未调制的光。然后，由空间光调制器调制后的光束通过一个凸透镜实现傅里叶变换（焦距 f=200 mm）。如图 4-2（b）所示，最终产生的中心对称涡旋光场由 CCD 像机记录（Basler Ahrensburg Germany acA1600–60 gc，像素尺寸：4.5 μm × 4.5 μm）。

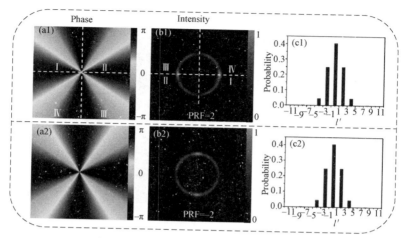

图 4－1　中心对称光学涡旋产生原理图

（a1）和（a2）为螺旋相位模式；（b1）和（b2）为光强模式；（c1）和（c2）为轨道角动量状态的分解；其中 $l' \in (-\infty, \infty)$ 为反映单态的整数

Fig.4－1　Schematic of the centrosymmetric vortex light field generation

（a1）and（a2）are spiral phase patterns,（b1）and（b2）are intensity patterns, and（c1）and（c2）are decompositions of the orbital angular momentum（OAM）states, where $l' \in (-\infty, \infty)$ is an integer reflected the single states

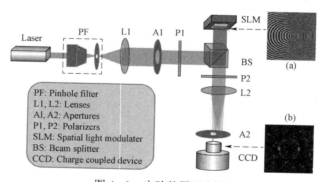

图 4－2　实验装置示意图

（a）相位掩模写入空间光调制器；（b）CCD 摄像机记录光强

Fig.4－2　Schematic of the experimental setup

（a）phase mask written into the spatial light modulator（SLM）；

（b）the intensity record by the CCD camera

在本章的实验中，使用数值锥透镜的方法来生成中心对称涡旋光场。该中心对称涡旋光场的相位掩模版如图 4－2（a）所示，由式（4－2）得到：

$$t(\rho,\theta) = \exp\left[i\sum_{n'=1}^{4}\mathrm{rect}\left(\frac{2\theta}{\pi}-\frac{5}{2}+n'\right)l_{n'}\theta\right]\exp\left[-ik(n-1)\alpha\rho\right]\exp\left(\frac{i2\pi x}{D}\right),$$

$$(4-2)$$

式中 D 为掩模版中使用的闪耀光栅的周期。

4.2　中心对称涡旋光场的调控特性研究

本节将主要研究该中心对称涡旋光场的调控特性。首先，本章将研究中心对称涡旋光场的光强、轨道角动量密度和梯度力分布的性质。图 4–3 的第一列和第二列所示分别为该中心对称涡旋光场的实验光强分布和数值模拟结果，其中该中心对称涡旋光场的相位重建因子分别为 PRF=2，3。数值模拟结果与实验结果吻合较好。此外，为了产生所需的中心对称涡旋光场，选取锥透镜的锥角 α 为 0.06 rad。在接下来的研究中，本章主要研究了中心对称涡旋光场的左半部分的光场特性。因为光场的中心对称特性，该中心对称涡旋光场左半部分与右半部分具有相似的特性。如图 4–3（b1）所示，当相位重建因子 PRF=2 时，连接点 Q1 处的局部光强减弱。为了表征光强变化的幅度，计算了 Q1 处的局部光强大小与均匀光强位置 Q2 之间的光强比例。它们之间的比例大于 65%，也就是说 Q1 处的光强大小大于 Q2 时均匀光强的 1/e。因此，连接点 Q1 处的光强可以认为在光环上具有一个平滑的光强分布。此外，如图 4–3（b2）所示，与相位重建因子 PRF=2 时的中心对称涡旋光场不同的是当相位重建因子 PRF=3 时，该中心对称涡旋光场的光环上存在有两个缺口（Q3 和 Q4）。此时光环上有缺口的原因是因为其螺旋相位在连接点存在一个相位阶跃。然而，在该中心对称涡旋光场的相位重建因子分别为 PRF=2 和 PRF=3 的情况下，光环上左右两侧的中心部分都将分别形成一个光瓣。其原因是由于相邻区域内具有反方向的能流分布。

此外，光束的模式纯度 ε 是一个非常重要参数，可以揭示中心对称涡旋光场实验生成的质量。在本章的实验中，通过实验光强模式与数值模拟光强模式之间的相关系数来估计模式纯度的大小。如图 4–3（a1）和（a2）所示，该中心对称涡旋光场的模式纯度 ε 的值分别为 0.918 9 和 0.909 2，且都大于 0.9。通过计算光束的模式纯度表明实验产生的中心对称涡旋光场仍然保持较高的光束质量。

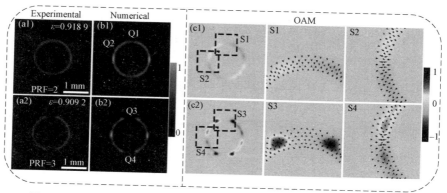

图4-3　中心对称涡旋光场与相位重构因子（PRF）分别为奇、偶的比较

（a1）、（a2）为实验光强；（b1）、（b2）为数值模拟光强；（c1）、（c2）、（S1—S4）为数值模拟的轨道角动量分布。在第四和第五列，箭头表示梯度力；ε值代表生成的中心对称涡旋光场模式的纯度；光强光环中的节点表示图4-1（a1）和（a2）中象限之间的边界线

Fig.4-3　Comparison of centrosymmetric vortex light fields with phase reconstruction factor（PRF）equaling to an odd and an even，respectively

（a1）and（a2）are experimental intensity，（b1）and（b2）are numerical simulation intensity.（c1），（c2）and（S1—S4）are the numerical simulation orbital angular momentum distribution.

In the fourth and fifth columns，the arrows visualize the gradient force.The ε values represent the mode purity of the generated centrosymmetric vortex light field.The joints in the intensity rings mean that the border lines between quadrants in Figure 4-1（a1）and（a2）

　　图 4-3（c1）和（c2）展示了中心对称涡旋光场的具有中心对称分布的轨道角动量密度[8,166]。对于图中的轨道角动量密度：灰色表示轨道角动量密度为正值（方向为逆时针方向），黑色表示轨道角动量密度为负值（方向为顺时针方向），背景色表示轨道角动量密度为零。可以看到，在该中心对称涡旋光场的光环的左部分上，具有相反符号的轨道角动量密度提供了一对相反的角向扭转力。同时，该中心对称涡旋光场的右半部分的轨道角动量密度分布与左半部分呈对称关系。为了更详细地展示其局部的轨道角动量密度分布，本章对图 4-3（c1）和（c2）中黑色虚线框 S1—S4 标记的区域内的轨道角动量密度进行放大。放大率为 3 倍，放大后的图分别如图 4-3（S1）～（S4）所示。如图 4-3（S1）和（S3）所示，可以发现 S1 区域的轨道角动量分布与 S3 区域具有较大的不同之处。当相位重建因子 PRF=2 时，该中心对称涡旋光场的 S1 区域内的两种相反的轨道角动量密度较弱，且它们之间的距离较近。然而当相位重建因子 PRF=3 时，该中心对称涡旋光场的 S3 区域内的两种相反的轨道角动量密度较强，且它们之间的距离较远。其原因是当相位重建因

子 PRF 为奇数时，重建的螺旋相位形成了分数阶相位阶跃。另外，如图 4-3（S2）和（S4）所示，两种相反的轨道角动量密度提供的角向扭转力分别指向 S2 和 S4 区域的中心部分。此外，图 3（S1）～（S4）中的箭头表示该中心对称涡旋光场的梯度力分布，箭头的方向表示梯度力的方向，箭头的大小表示梯度力的大小。在微粒操纵领域中，梯度力提供了捕获力[120,167]。如图 4-3（S2）和（S4）所示，在其中心区域内存在了较大的梯度力，因此可以在微粒捕获中提供了较大的捕获力，从而可以实现微粒的稳定捕获。因此，在微粒操纵领域，具有相反方向的轨道角动量密度和中心的梯度力为微粒向中心对称涡旋光场左右两侧中心光瓣处提供了一种运动趋势。

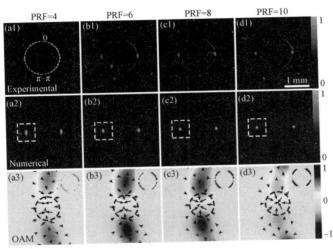

图 4-4 相位重建因子 PRF 分别为 4、6、8、10 时，中心对称涡旋光场的光强和轨道角动量密度的变化

（a1）～（d1）为实验光强；（a2）～（d2）为数值模拟光强；（a3）～（d3）为轨道角动量密度分布

Fig.4-4 Distributions of the intensity and orbital angular momentum density of the centrosymmetric vortex light field with the PRF=4，6，8，10，respectively

（a1）～（d1）are experimental intensity，（a2）～（d2）are numerical simulation intensity, and（a3）～（d3）are orbital angular momentum density distribution

接下来，本章将研究相位重建因子 PRF 的大小对中心对称涡旋光场的光强、轨道角动量分布和梯度力分布的调控特性。图 4-4（a1）～（d1）所示为中心对称涡旋光场的实验光强分布，图 4-4（a2）～（d2）所示为相应的中心对称涡旋光场的数值模拟光强分布。其中，相位重建因子 PRF 从 2 增加到 10，间隔为 2。可以发现，在图 4-4（a2）～（d2）中白色虚线框所标记

的部分中，随着相位重建因子 PRF 的增大，干涉产生的光瓣的亮度逐渐增强，数量逐渐增多。图 4-4 第一行中的实验光强分布与第二行中的数值模拟光强分布一致。图 4-4（a3）～（d3）分别为图 4-4（a2）～（d2）中被白色虚线框标记的中心对称涡旋光场的轨道角动量密度，其放大倍数为 4 倍。其中黑色箭头表示梯度力分布。此外，该中心对称涡旋光场的整体的轨道角动量密度分布如图 4-4（a3）～（d3）中右上方的子图所示。随着相位重建因子 PRF 的增大，白色虚线框区域的局部轨道角动量的幅值先增大后减小。其原因是相位重建因子 PRF 的增大导致轨道角动量的幅值增大。然而，轨道角动量的增大也会导致涡旋光束旋转角度的增大，因而导致白色虚线框内光强干涉面积的增大。随着光强干涉面积的增大，正的轨道角动量与负的轨道角动量相互抵消，因而导致干涉区域的轨道角动量密度逐渐减小。此外，随着相位重建因子 PRF 的增大，图 4-4（a3）～（d3）中黑圆虚线框内的梯度力也在逐渐增大。因此，通过调控相位重建因子的大小可以实现对中心对称涡旋光场的局部梯度力大小的灵活调控。因此在微粒操纵领域，具有较大的相位重建因子 PRF 的中心对称涡旋光场，其左右两侧的光瓣能够提供更强的捕获力，从而实现微粒的稳定捕获。

为了定量研究该中心对称涡旋光场的光强和轨道角动量密度分布特性，本章在图 4-5 中绘制了图 4-4 中的中心对称涡旋光场光强和轨道角动量光环的中心轮廓。其中，图 4-5（a）为实验光强曲线，图 4-5（b）为数值模拟的光强曲线，图 4-5（c）为数值模拟的轨道角动量密度曲线分布。其中，实验光强曲线与数值模拟的光强曲线具有相同的变化趋势，证明了实验产生中心对称涡旋光场具有较高的质量。此外，如图 4-5（a）和（b）所示的光强曲线可以看出，两个波峰形成在 $\theta=\pm\pi/2$ 的位置。这是局部的涡旋光束干涉形成的光瓣具有较强的光强分布，因此可以确保一个更大的梯度力场分布，从而形成一个稳定的光学势阱。同时，如图 4-5（c）所示，轨道角动量曲线在光强曲线的波峰处减小为零，证明了干涉区域两种具有相反符号的轨道角动量密度相互抵消了。对于位于非干涉区的局部轨道角动量密度曲线，可以看出随着相位重建因子 PRF 的增大，其轨道角动量密度的幅值也在逐渐增大，这反映了局部轨道角动量密度保持了传统涡旋光场的轨道角动量密度的性质。

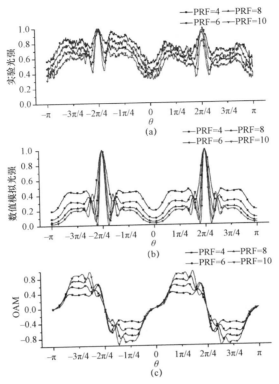

图 4－5　图 4-4 中的中心对称涡旋光场光强和轨道角动量光环的中心轮廓

（a）实验光强；（b）数值模拟光强；（c）轨道角动量环的中心轮廓

（例如，数据的位置环和三分 0，－π 和 π 如图 4-4（a1）所示）

Fig.4－5　（a，b，c）are the center profiles of the centrosymmetric vortex light fields' experimental intensity, numerical simulation intensity and orbital angular momentum rings of Figure 4-4, respectively.For instance, the positions of the data ring and the three points 0，－π and π are shown in Figure 4-4 (a1)

　　为了进一步提高中心对称涡旋光场的调节灵活性，接下来本章通过调控锥透镜的锥角 α 的大小来实现中心对称涡旋光场半径大小的灵活调控。图 4－6（a1）～（d1）所示为相位重建因子 PRF 等于 4 的中心对称涡旋光场的实验光强分布，图 4－6（a2）～（d2）所示为该中心对称涡旋光场相应的轨道角动量分布。其中，这些中心对称涡旋光场的相位重建因子 PRF 等于 4 保持不变，改变其锥透镜的锥角 α 从 0.03 rad 变化到 0.06 rad，间隔为 0.01 rad。可以发现，中心对称涡旋光场的半径随着锥角的增大而增大。为了定量表示该中心对称涡旋光场的半径与锥角 α 之间的关系，本章拟合了本章它们之间的实验数据。图4-6（a1）的子图所示为该中心对称涡旋光场的半径与锥透镜锥角 α 之间的关系曲线。它们之间的关系符合线性方程，$r=0.098\ 5+1.36\alpha$，相关系数为 0.999 77。因此，通过调控锥透镜的锥角 α 的大小可以实现中心对称涡旋光场的半径大小的线性调控。此外，如图4-6（a2）～（d2）所示，由于相位重建因子保持不变，其总轨道角动量密度不变，因此该中心对称涡旋光场的轨道角动量密度的大小随半径的增大而减小。根据前文分析可知，在中心对称涡旋光场的左右两侧光瓣处存在较大的梯度力场分布，可以实现微粒的稳定捕获。通过调控其半径大小，可以实现两个被捕获的微粒之间的分离。因此，可以通过调控该中心对称涡旋光场的锥角 α 大小从而实现对其半径大小的线性调控，在分离细胞簇领域具有潜在的应用价值。

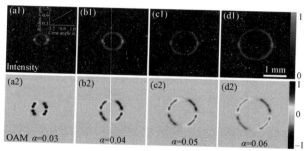

图4-6 通过改变锥透镜的锥角的大小，可以得到不同半径下中心对称涡旋光场的光强和轨道角动量分布（相位重建因子 PRF=4）

（a1）～（d1）为实验光强，（a2）～（d2）为数值模拟轨道角动量分布。

Fig.4-6 Intensity and orbital angular momentum distributions of centrosymmetric vortex light field（PRF=4），with different radius by changing the cone angle of the axicon

（a1）～（d1）are experimental intensity and（a2）～（d2）are numerical simulation orbital angular momentum distributions

4.3 本章小结

本章提出了一种中心对称的光学涡旋光场，其重建的螺旋相位包括四个拓扑荷值满足关系（$l_1=l_2=l_3=l_4$）的传统光学涡旋的局部螺旋相位。该中心对称涡旋光场的光强、相位和轨道角动量密度分布都是中心对称分布的。通过

分析其轨道角动量密度和梯度力分布，结果表明，由于干涉作用，中心对称
涡旋光场左右两侧相交的部分可以形成两个光学势阱。此外，干涉面积和轨
道角动量密度的大小可以通过一个参数相位重建因子 PRF 进行调控。利用锥
角参数，通过调控中心对称涡旋光场的半径来调节左右两个光阱之间的距离。
这项工作提供了一种新的分离的非对称光场，它有可能用于宏观粒子操作，
特别是细胞簇分离。

第 5 章

非对称涡旋光场模式的叠加

在传统的光学涡旋阵列中，阵列上光学涡旋的符号和位置很难独立调控。特别是，正光学涡旋和负光学涡旋不会同时出现在同一个光学涡旋阵列中。因此，为了使光学涡旋的符号和分布可控，促进光学涡旋阵列的新应用，开发一种新的非对称光学涡旋阵列是必要的。为了解决这一挑战，本章基于两个非对称涡旋光场的同轴叠加，提出了一种新型的非对称光学涡旋阵列，称为反常环形连接的光学涡旋阵列。反常环形连接的光学涡旋阵列具有非对称的光学涡旋分布，而阵列上局部光学涡旋的数目和符号可以很容易地调控。此外，该方法打破了现有的知识，即两个具有相同拓扑荷值的涡旋光场的叠加不能产生光学涡旋阵列的限制。因此，本章所提出的反常环形连接的光学涡旋阵列将成为光学捕获和光学测量等新应用的研究动机。

5.1 反常环形连接的光学涡旋阵列的产生

关于反常环形连接的光学涡旋阵列的产生方法，首先将螺旋相位嫁接技术[168]与完美涡旋光场生成技术[39]相结合，生成嫁接涡旋光场。为简单起见，嫁接涡旋光场通过两个带有不同拓扑荷值的涡旋光场进行嫁接。其中，完美光学涡旋技术用于获得理想的嫁接光强。在观测平面上，嫁接涡旋光场的复振幅表示为

$$E(r,\theta) = \frac{w_g \mathrm{i}^{m-1}}{w_0} \exp\left(\mathrm{i} \sum_{n'=1}^{2} \mathrm{rect}\left(\frac{2\theta - 3\pi}{2\pi} + n' \right) m_{n'} \theta \right) \exp\left(-\frac{(r-R)^2}{w_0^2} \right) \quad (5-1)$$

(r, θ) 为焦平面极坐标，w_g 和 w_0 分别是高斯光束的束腰在初始平面的

和观察平面。参数 R 为光环半径，rect（·）为矩形函数，m_n 为嫁接涡旋光场的嫁接拓扑荷值。最后，通过两个嫁接涡旋光场的同轴叠加产生反常环形连接的光学涡旋阵列。反常环形连接的光学涡旋阵列的复振幅可以表示为：

$$E_{\text{total}}(r,\theta) = E_a(r,\theta) + E_b(r,\theta) \qquad (5-2)$$

E_a（r，θ）和 E_b（r，θ）分别是内外嫁接涡旋光场的复振幅。

如图 5-1（a）和（b）所示，两个同心嫁接涡旋光场光束（E_a 和 E_b）具有相同的环宽 $2w_0$，但它们的半径 R_a 和 R_b 不同。两个嫁接涡旋光场的嫁接拓扑荷值分别为 $m_{a1}=3$，$m_{a2}=1$，$m_{b1}=3$，$m_{b2}=1$。为了生成反常环形连接的光学涡旋阵列[115]，R_b-R_a 的差值必须小于 $4w_0$，而反常环形连接的光学涡旋阵列的半径为 $R_0=(R_a+R_b)/2$。另外，嫁接涡旋光场的两个嫁接拓扑荷值必须满足 $|m_{n'}+m_{n'+1}|=2c$（$c=1$，2，3）关系，以保证嫁接涡旋光场有一个恒定光强的光环，且没有缺口。

最后生成如图 5-1（c）所示的反常环形连接的光学涡旋阵列。同时，如图 5-1（d），（e）和（f）所示为相应的相位图。反常光学涡旋阵列光环上的光学涡旋的总数为 4，光环上光学涡旋的总数与嫁接拓扑荷值之间满足表达式 $N=N1+N2=|m_{b1}-m_{a1}|/2+|m_{b2}-m_{a2}|/2$，其中 N_1 和 N_2 分别代表光环上下半部的光学涡旋的总数。如图 5-1（f）所示，相位分布沿逆时针或顺时针方向从 0 增加到 2π 分别表示正光学涡旋或者负光学涡旋，分别用白色和黑色的圆圈标记。此外，下半部和上半部光环上的每个光学涡旋的符号分别由 $m_{b1}-m_{a1}$ 和 $m_{b2}-m_{a2}$ 的符号决定。

为了实验产生反常环形连接的光学涡旋阵列，一种灵活的方法是利用一个锥透镜对贝塞尔-高斯光束[39]进行傅里叶变换的方法，在相位型空间光调制器上加载锥透镜的复振幅的透过率函数。随后，通过对输入到相位型空间光调制器中的锥透镜相位掩模版再加上两个嫁接涡旋光场的螺旋相位将得到所需的反常环形连接的光学涡旋阵列的相位掩模版，该掩模版的透过率函数如式（5-3）所示：

$$t(\rho,\varphi) = \exp\left[-ik(n-1)\alpha_a\rho + i\sum_{n'=1}^{2}\text{rect}\left(\frac{2\varphi-3\pi}{2\pi}+n'\right)m_{an'}\varphi\right]$$
$$+ \exp\left[-ik(n-1)\alpha_b\rho + i\sum_{n'=1}^{2}\text{rect}\left(\frac{2\varphi-3\pi}{2\pi}+n'\right)m_{bn'}\varphi\right] \qquad (5-3)$$

第一和第二项分别代表嫁接涡旋光场"a"和嫁接涡旋光场"b"。(ρ, φ)为在相位型空间光调制器平面极坐标,k 是波数,n 和 α 分别是锥透镜的折射率和锥角。这里,光环的半径和宽度控制通过调整轴锥镜的锥角 α 和入射高斯光束的束腰半径 w_g。

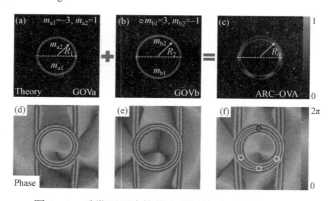

图 5-1　反常环形连接的光学涡旋阵列的生成过程

(a) 和 (b) 分别为嫁接涡旋光场"a"($m_{a1}=-3$, $m_{a2}=1$) 和
嫁接涡旋光场"b"($m_{b1}=3$, $m_{b2}=-1$) 的光强模式图;

(c) 为反常环形连接的光学涡旋阵列的光强模式图;

(d)、(e) 和 (f) 分别为光强模式对应的相位模式图,其中白色和黑色圆圈

分别表示符号为正 1 (+1) 和负 1 (-1) 光学涡旋,

下文白色和黑色圆圈表示含义与此处相同。所有结果均为仿真结果

Fig.5-1　Generation process of the anomalous ring-connected optical vortex array

(a) and (b) are intensity patterns of the grafted vortex light field "a" ($m_{a1}=-3$, $m_{a2}=1$) and grafted vortex light field "b" ($m_{b1}=3$, $m_{b2}=-1$). (c) is intensity pattern of the anomalous ring-connected optical vortex array. (d), (e) and (f) are the corresponding phase patterns, where white and black circles indicate the positive (+1) and negative (-1) optical vortex beams, respectively.

Similarly hereinafter. All results are simulation results

实验装置示意图如图 5-2 所示。所述实验装置包括所述反常环形连接的光学涡旋阵列生成的光路和用于确定在反常环形连接的光学涡旋阵列中是否存在光学涡旋的干涉光路。将波长为 532 nm 的固体激光器(Laserwave Co. Ltd)通过显微物镜 MO 和凸透镜 L1(焦距 $f_1=100$ mm)转换为平面波。小孔光阑 A1 用来得到平面波的中心部分,从而获得光束质量更好的平面波。利用分束立方体 BS1 将平面波分成两束。一束光输出并照射在相位型空间光调制器(SLM,HOLOEYE,PLUTO-vis-016 像素尺寸:8 μm×8 μm),该空间光调制器中写入由式(5-3)生成的掩模版。两个偏振器 P1 和 P2 分别用来调制线性偏振光束和消除不受未受空间光调制器调制的光。凸透镜 L2 的作用是实现傅里叶变换，而小孔光阑 A2 来获得所需的 +1 衍射级。因此，该反常环形连接的光学涡旋阵列是在凸透镜 L2 的傅里叶平面上（点 O）产生的。

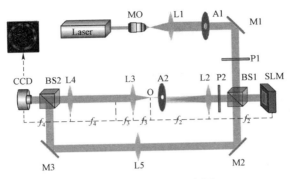

图 5-2　实验装置示意图

MO 表示显微镜物镜；L1-L5 表示傅里叶透镜；A1 和 A2 表示小孔光阑；M1-M3 表示全反镜；

P1 和 P2 分别表示起偏器和检偏器；BS1 和 BS2 表示

分束立方体；SLM 表示空间光调制器；CCD 表示电荷耦合器件

Fig.5-2　Schematic of the experimental setup

MO, microscope objective; L1-L5, lenses; A1 and A2, apertures; M1-M3, mirrors;

P1 and P2, polarizers; BS1 and BS2, beam splitters; SLM, spatial light modulator; CCD, charge couple device

$4-f$ 系统（L3 和 L4）用于记录点 O 处的反常环形连接的光学涡旋阵列的实验光强图并且可以更好的实现反常环形连接的光学涡旋阵列光束与球面波的同轴干涉。最后反常环形连接的光学涡旋阵列的光强模式由电荷耦合装置（CCD）相机（Basler acA1600-60gc，像素大小的为 $4.5\ \mu\mathrm{m}\times4.5\ \mu\mathrm{m}$）进行记录。分束立方体 BS1 透射出的一束光束经过透镜 L5（焦距 $f_5=75\ \mathrm{mm}$）调制为球面波作为参考光束与反常环形连接的光学涡旋阵列光束进行干涉。利用分束立方体 BS2 实现反常环形连接的光学涡旋阵列光束与球面波的同轴干涉叠加。球面波干涉证明了在反常环形连接的光学涡旋阵列暗核中光学涡旋的存在，它们的干涉图像也由 CCD 相机记录出来。

5.2　反常环形连接的光学涡旋阵列的涡旋暗核调控特性研究

本节将在理论和实验上全面研究该反常环形连接的光学涡旋阵列的涡旋

暗核的数量和分布调控特性。为了进一步与传统光学涡旋阵列相比，反常环形连接的光学涡旋阵列的嫁接拓扑荷值 m_{a1} 变化范围选取为从 4 到 1，间隔为 1；嫁接拓扑荷值 m_{a2} 变化范围选取为从 4 到 7，间隔为 1。此外，将嫁接拓扑荷值 m_b 设为常数，满足关系 $m_{b1}=m_{b2}=4$。因此，嫁接涡旋光场 "a" 的等效拓扑荷值保持恒定，其等效拓扑荷值为 $(m_{a1}+m_{a2})/2=4$。此时，嫁接涡旋光场 "b" 可被视为拓扑荷值为 4 的传统光学涡旋。此外，为了实现两个嫁接涡旋光场的光强部分重叠率达到 36%[56]，本书定义了两个叠加的嫁接涡旋光场的锥透镜的锥角分别为 $\alpha_a=0.08$ rad 和 $\alpha_b=0.09$ rad。图 5-3（a1）～（d1）所示为基于式（5-2）进行理论模拟得到的光学涡旋阵列光强图。在这种情况下，图 5-3（a1）所示的涡旋阵列可以被认为是一个传统的涡旋阵列，图 5-3（b1）～（d1）所示的涡旋阵列为具有不同涡旋暗核分布的反常环形连接的光学涡旋阵列。此外，图 5-3（a2）～（d2）所示为利用图 5-2 所示的实验装置在实验上产生的相应的光学涡旋阵列的实验光强图。可以看出理论结果和实验结果相符合，验证了基于两束嫁接涡旋光场的同轴叠加实现期望的反常环形连接的光学涡旋阵列光束的产生的可行性。

通过计数，传统光学涡旋阵列和反常环形连接的光学涡旋阵列的光学涡旋数量都满足关系式：$N=N_1+N_2=|m_{b1}-m_{a1}|/2+|m_{b2}-m_{a2}|/2=8$。如图 5-3（a1）所示，可以发现在传统的光学涡旋阵列中，光环上的光学涡旋分布是均匀的。然而，与传统光学涡旋阵列不同的是，该反常环形连接的光学涡旋阵列的光学涡旋分布是非均匀分布的。更具体的，光环上半部分的光学涡旋数量随着嫁接拓扑荷值 m_{a2} 的增加而增加，而光环下半部分的光学涡旋数量随着嫁接拓扑荷值 m_{a1} 的减少而减少。图 3（a4）～（d4）所示为相应的相位图，显示了光学涡旋在光环上的不同分布。其中黑色圆圈标记的相位奇点表明了光环上的涡旋暗核为负光学涡旋。此外需要注意的是，一个特别的光学涡旋出现在光环的右侧中间部分，如图 5-3（b1）和（d1）白色虚线圆圈标记所示。原因是此时 m_{a1} 和 m_{a2} 为奇数，上下半环的光学涡旋数量 N_1 和 N_2 均为半整数。因此，光学涡旋阵列的上半部分和下半部分都将分别产生一个半整数光学涡旋，这两个半整数光学涡旋将重新组合成为一个完整的光学涡旋[56]。

为了定量确定所提出的反常环形连接的光学涡旋阵列的光学涡旋分布特征，本书研究了其理论和实验光环的中心轮廓，如图 5-3（a3）～（d3）所示。其中，浅色曲线表示理论结果，深色曲线表示实验结果。在横轴上，间隔[-π,0]

和[0,π]分别表示反常环形连接的光学涡旋阵列的下半部和上半部。曲线上的波谷的位置表示光学涡旋暗核的中心位置，两个相邻波谷之间的距离表示两个相邻光学涡旋之间的夹角大小。如图 5-3（a3）所示，对于传统的光学涡旋阵列光束，其相邻两个波谷之间的距离都是相等的。这个结果表明其光环上相邻两个光学涡旋之间具有相同的夹角，夹角大小均等于 π/4。如图 5-3（b3）～（d3）所示，在间隔[-π,0]和[0,π]内的反常环形连接的光学涡旋阵列相邻两个光学涡旋之间的距离是不相等的。此外，随着局部光学涡旋数目 N_1 的减少和 N_2 的增加，在[-π,0]和[0,π]内两个相邻的光学涡旋的间隔分别由 $2\pi/|m_{b1} - m_{a1}|$ 和 $2\pi/|m_{b2} - m_{a2}|$ 的关系决定。结果表明，当该反常环形连接的光学涡旋阵列光环上的光学涡旋的数目保持不变时，其光环上的光学涡旋分布可以很容易地调节。

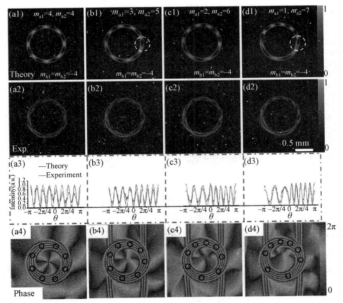

图 5-3　通过两个等效拓扑荷值分别为 4 和 -4 的嫁接涡旋光场进行同轴叠加生成的反常环形连接的光学涡旋阵列
（a1）～（d1）分别为理论模拟得到的光强模式图；
（a2）～（d2）分别为实验光强模式图；（a3）～（d3）分别为反常环形连接的光学涡旋阵列光环的中心轮廓的数据图，其中深色和浅色曲线分别代表实验结果和理论结果；
（a4）～（d4）分别为相应的相位模式图（仿真结果）

Fig.5-3　Anomalous ring-connected optical vortex array generation via coaxial superposition of the two grafted vortex light fields with equivalent topological charge equal to 4 and -4
（a1）～（d1）are the theoretical intensity patterns.（a2）～（d2）are the experimental intensity patterns.（a3）～（d3）are the center profiles of the anomalous ring-connected optical vortex arrays' rings, and the dark and light-colored curves represent experimental and theoretical results, respectively.（a4）～（d4）are the corresponding phase patterns（simulation results）

众所周知，通过叠加两个具有相同拓扑荷值的光学涡旋不能形成光学涡旋阵列。然而，如图5-4所示，两个具有相同等效拓扑荷值为5的嫁接涡旋光场叠加形成了反常环形连接的光学涡旋阵列。图5-4（a1）～（d1）展示了该反常光学涡旋阵列的理论模拟光强分布，图5-4（a2）～（d2）展示了该反常光学涡旋阵列的实验光强分布。为了确保两个叠加用的嫁接涡旋光场的等效拓扑荷值等于5，其嫁接拓扑荷值选取为$m_{a1}=4$，$m_{a2}=6$；m_{b1}从5增加到8，m_{b2}从5减小到2，间隔为1。可以发现光环上出现了光学涡旋。这是因为叠加的两个嫁接涡旋光场具有不同的嫁接拓扑荷值，其上下半环的光学涡旋数量N_1和N_2均不为0。通过计算，图5-4第一行中反常环形连接的光学涡旋阵列光环上的光学涡旋的数量分别为1、2、3、4，同样满足$N=N_1+N_2=|m_{b1}-m_{a1}|/2+|m_{b2}-m_{a2}|/2$的关系。

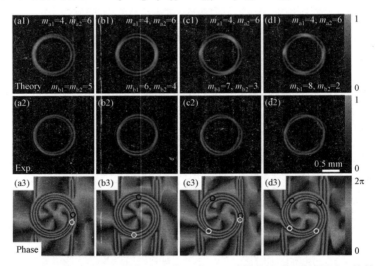

图5-4　通过两个嫁接涡旋光场叠加产生的反常环形连接的光学涡旋阵列，其等效拓扑荷值都等于5（嫁接拓扑荷值分别为，$m_{a1}=4$，$m_{a2}=6$，$m_{b1}=5$，6，7，8，$m_{b2}=5$，4，3，2）
（a1）～（d1）分别为理论光强模式图；（a2）～（d2）分别为实验光强模式图；
（a3）～（d3）分别为对应的相位图（仿真结果）

Fig.5-4　Anomalous ring-connected optical vortex array generated via superposition of the grafted vortex light fields with equivalent topological charge equal to 5（sub-topological charge，$m_{a1}=4$，$m_{a2}=6$，and $m_{b1}=5$，6，7，8，$m_{b2}=5$，4，3，2）
（a1）～（d1）are the theoretical intensity patterns.（a2）～（d2）are the experimental intensity patterns.
（a3）～（d3）are the corresponding phase patterns（simulation results）

为了确定光学涡旋的本质，反常环形连接的光学涡旋阵列的相位分布如图5-4（a3）～（d3）所示。由于（$m_{b1}-m_{a1}$）＞0和（$m_{b2}-m_{a2}$）＜0，因此反常环形连接的光学涡旋阵列下半部分的光学涡旋为正涡旋，上半部分的光学涡旋为负涡旋。在相位分布图中，黑色圆圈标记的是负涡旋，白色圆圈标记的是正涡旋。需要注意的是，如图 5-4（a1）和（c1）所示，特定的暗核形成于反常环形连接的光学涡旋阵列光环的右侧中间部分。如图 4（a3）和（d3）所示，这一特殊的暗核包含一对正负的光学涡旋，因为（$m_{b1} - m_{a1}$）和（$m_{b2} - m_{a2}$）的值是半整数且具有相反的符号。这一结果推翻了现有的认识，即一个光学涡旋阵列不能通过两个具有相同拓扑荷值的涡旋光束叠加产生，一个暗核只对应于光学涡旋阵列上的一个光学涡旋。

为了实验验证上述反常环形连接的光学涡旋阵列的涡旋性质，图 5-5 展示了反常环形连接的光学涡旋阵列与球面波之间的实验干涉条纹。基于涡旋光束与球面波干涉的性质，在每个光学涡旋的位置上都出现了一个叉形光强条纹。为了展示更多细节，图 5-5 的浅灰色和深灰色实线框内的插图为相应虚线框内的特殊叉形光强条纹的放大图，放大倍数为两倍。图 5-5（a1）～（d1）为图 5-3 中反常环形连接的光学涡旋阵列与球面波之间的实验干涉图。可以看出，在每个涡旋暗核的位置都出现了一个叉形光强条纹，叉形光强条纹的总

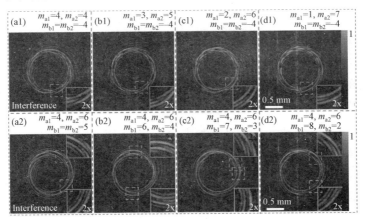

图 5-5　反常环形连接的光学涡旋阵列和球面波之间的实验干涉图

（a1）～（d1）分别为图 5-3 中反常环形连接的光学涡旋阵列与球面波之间的干涉图；

（a2）～（d2）分别为图 5-4 中反常环形连接的光学涡旋阵列与球面波之间的干涉图

Fig.5-5　Experimental interference patterns between the anomalous ring-connected optical vortex arrays and a spherical wave

（a1）～（d1）are the interference patterns between the anomalous ring-connected optical vortex arrays of Fig. 5-3 and a spherical wave.

（a2）～（d2）are the interference patterns between the anomalous ring-connected optical vortex arrays of Fig. 5-4 and a spherical wave

数等于涡旋暗核的总数,满足关系 $N=N_1+N_2=|m_{b1}-m_{a1}|/2+|m_{b2}-m_{a2}|/2=8$。所有叉形光强条纹的方向都是逆时针的,因此这些光学涡旋是负涡旋。此外,图 5-5(a2)~(d2)展示了图 5-4 中的反常环形连接的光学涡旋阵列与球面波之间的实验干涉条纹。与传统光学涡旋阵列不同,在同一干涉图中同时出现顺时针和逆时针方向的叉形光强条纹。顺时针和逆时针方向的叉形光强条纹分别代表正涡旋和负涡旋。此外,如图 5-5(a2)和(c2)所示,在同一暗核位置出现了两个方向相反的叉形光强条纹。具有相反方向的两个叉形光强条纹表明,该特定的暗核是由一个正涡旋和一个负涡旋组合而成,此时其叉形光强条纹的总数为 $N+1$。反常环形连接的光学涡旋阵列与球面波的干扰实验结果验证了反常环形连接的光学涡旋阵列光环上光学涡旋的存在以及其符号。

从图 5-4 可以看出,在反常环形连接的光学涡旋阵列的光环上同时出现了正光学涡旋和负光学涡旋。这是一个新的发现,与传统的光学涡旋阵列光环上光学涡旋只能是正涡旋或者负涡旋不同。接下来将进一步研究该反常环形连接的光学涡旋阵列上半部分和下半部分的光学涡旋的数量和符号之间的独立调控特性。图 5-6 第一行和第三行展示了实验产生的反常环形连接的光学涡旋阵列的光强分布,第二行和第四行分别为其对应的相位分布图。首先考虑反常环形连接的光学涡旋阵列光环上局部涡旋数量的调控。如图 5-6(a1)~(d1)所示,嫁接拓扑荷值满足关系 $m_{a1}=-m_{b1}$ 和 $m_{a2}=-m_{b2}$。在此情况下,设定 m_{a2} 分别为 2 或 3,改变 m_{a1} 的值。正如所期望的,反常环形连接的光学涡旋光环上下部分的光学涡旋的数量和分布可以独立调控涡旋。暗核的大小与局部光学涡旋数量成反比。此外,图 5-6(a2)~(d2)的相位图证明了所有的光学涡旋都是负涡旋。

如图 5-6(a3)~(d3)所示,为了调控反常环形连接的光学涡旋阵列光环上局部光学涡旋的符号,需要重置嫁接拓扑荷值的奇偶性,以确保($m_{b1}-m_{a1}$)和($m_{b2}-m_{a2}$)之间的奇偶性相反。通过与 4-6(a1)~(d1)相比,从光强图中可以看出,其涡旋暗核的位置和数量都保持不变。然而,如图 5-6(a4)~(d4)的相位分布图所示,光学涡旋在上半部和下半部的符号是相反的。因此,反常环形连接的光学涡旋阵列显示出重要的性质。例如,阵列光环上光学涡旋的数目、分布和符号具有独立的调制性。

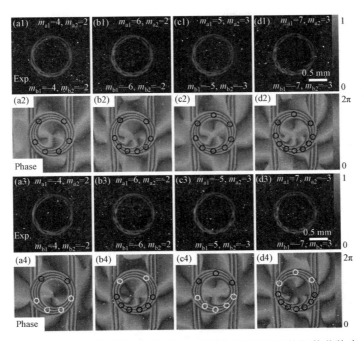

图 5-6　通过调控反常环形连接的光学涡旋阵列的嫁接拓扑荷值来
实现对光环上光学涡旋的符号和分布的独立调控

（a1）～（d1）分别为实验光强模式图；（a2）～（d2）分别为第一行光强的相位图；

（a3）～（d3）分别为实验光强模式图；

（a4）～（d4）分别第三行光强图的相位图

Fig.5-6　Independent modulation of the signs and distribution of the optical vortices with
different grafted topological charges of the anomalous ring-connected optical vortex arrays

（a1）～（d1）are the experimental intensity patterns.（a2）～（d2）are the corresponding phase patterns of first row.

（a3）～（d3）are the experimental intensity patterns.

（a4）～（d4）are the phase patterns

对于前面提到的反常环形连接的光学涡旋阵列，两个重叠的嫁接涡旋光
场的初始相位差为零。基于干涉理论，通过调控其初始相位差可以移动干涉
条纹的位置。因此，接下来将研究对两个叠加的嫁接涡旋光场之间添加初始
相位差后的调制特性，反常环形连接的光学涡旋阵列的复振幅改写为：

$$E_{total}(r,\theta) = E_a \exp(i\Psi_0) + E_b \qquad (5-4)$$

式中参数 Ψ_0 为初始相位差。

图 5-7 展示了初始相位差 Ψ_0 从 0 增加到 2π（间隔为 $\pi/2$）时的反常环形连
接的光学涡旋阵列的实验光强结果。图中两条白色实线作为参考线，分别表示

当初始相位差 Ψ_0 等于 0 时两个特定的光学涡旋在反常环形连接的光学涡旋阵列光环的上半部和下半部的原始位置。深色（下半部）和浅色（上半部）虚线分别表示随初始相位差的增加，这两个特定光学涡旋的位置变化。深色和浅色虚线与它们相应的白色参考实线的夹角分别为 θ_1 和 θ_2。当初始相位差 Ψ_0 从 0 增加到 2π 时，反常环形连接的光学涡旋阵列光环上的光学涡旋沿着顺时针方向旋转。通过计算发现，上半部分光学涡旋的旋转速度大于下半部分光学涡旋的旋转速度。它们之间的旋转角分别满足关系 $\theta_1 = \Psi_0/|m_{b1} - m_{a1}|$ 和 $\theta_2 = \Psi_0/|m_{b2} - m_{a2}|$。结果表明，通过添加初始相位差可以实现光学涡旋在反常环形连接的光学涡旋阵列光环上的旋转，并且在同一个阵列上局部的光学涡旋可以实现不同的旋转速度。此外，旋转方向由初始相位差 Ψ_0 的符号决定。如果符号是负的，那么光环上光学涡旋的旋转方向就是逆时针的。如果需要，基于初始相位差调制技术可以产生具有更加丰富模式分布的反常环形连接的光学涡旋阵列，例如改变嫁接拓扑荷值的大小和符号。

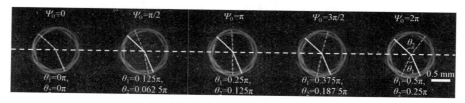

图 5-7　添加一个初始相位差 Ψ_0，反常环形连接的光学涡旋阵列的旋转特性，其嫁接拓扑荷值分别为 $m_{a1}=4$，$m_{a2}=2$，$m_{b1}=-4$ 和 $m_{b2}=-2$

Fig.5-7　Rotation of the anomalous ring-connected optical vortex array given an initial phase difference of Ψ_0 with grafted topological charge $m_{a1}=4$，$m_{a2}=2$，$m_{b1}=-4$ and $m_{b2}=-2$

此外随着初始相位差 Ψ_0 逐渐增加，当反常环形连接的光学涡旋阵列光环上光学涡旋经过阵列光束中间的水平虚线时，其暗核的大小发生变化。图 5-8（a）所示为初始相位差 $\Psi_0=0$ 时的反常环形连接的光学涡旋阵列的光强图，选取光学涡旋阵列的两个特殊暗核（分别为椭圆虚线框标记的涡旋暗核 A 和 B）来研究其暗核大小随初始相位差的变化而变化的情况。光学涡旋暗核的暗核区域可以认定为光强小于最大光强的 $1/e$ 的部分。为了定量分析，这两个暗核的大小分别由弧角 β_A 和 β_B 来表示。图 5-8（b）展示了随着初始相位差 Ψ_0 的从 0 增加到 2π（间隔为 $\pi/12$）时，暗核大小的变化情况。

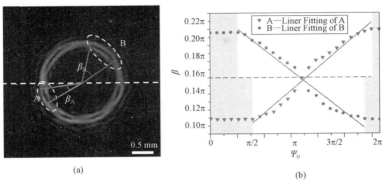

(a)   (b)

图 5-8 反常环形连接的光学涡旋阵列的涡旋暗核大小的调控

（a）为图 5-7 中初始相位差（$\varPsi_0 = 0$）的反常环形连接的光学涡旋阵列的实验光强模式；

（b）是弧角 β_A 和 β_B 的大小变化，其中初始相位差 $\varPsi_0$ 从 0 增加到 2π（间隔为 $\pi/12$）

（阴影区域表示弧角未改变时的数据）

Fig.5-8 Modulation of the size of the dark cores of the anomalous ring-connected optical vortex array

（a）is the experimental intensity pattern of the anomalous ring-connected optical vortex array in Fig.5-7 with the initial phase difference $\varPsi_0 = 0$. （b）is the variation of the arc angles β_A and β_B with $\varPsi_0$ increasing from 0 to 2π by an interval of $\pi/12$.

（Shadow areas represent the unchanged data）

当光学涡旋在反常环形连接的光学涡旋阵列的上半部分或下半部分旋转时，其涡旋暗核的弧角大小保持不变，如图 5-8（b）中的阴影区域所示。当这两个光学涡旋开始向另一边旋转时，弧角 β_A 的大小随着初始相位差 $\varPsi_0$ 的增加而增大，弧角 β_B 的大小随着初始相位差 $\varPsi_0$ 的增加而减小。在这种情况下，弧角大小与初始相位差之间呈线性关系，其关系分别为 $\beta_A = 0.058\,3 + 0.028\,4\varPsi_0$ 和 $\beta_B = 0.248\,2 - 0.026\,4\varPsi_0$，相关系数分别为 0.987 5 和 0.986 4。涡旋暗核大小发生变化的原因是，嫁接涡旋光场"a"上下部分具有不同的相位梯度。当对其添加初始相位差时，其初始螺旋相位会产生周期性的旋转。结果表明，通过改变两个叠加的嫁接涡旋光场之间的初始相位差的大小，可以对特定光学涡旋的涡旋暗核大小进行线性调控。

对于上述的反常环形连接的光学涡旋阵列光束，其嫁接拓扑荷值的大小均为整数。在不失一般性的情况下，考虑嫁接拓扑荷值为半整数时生成的反常环形连接的光学涡旋阵列的特性。图 5-9 展示了反常环形连接的光学涡旋阵列的理论和实验光强以及相应的相位分布。图 5-9（a1）～（d1）所示为反常环形连接的光学涡旋阵列的理论光强图，两个叠加的嫁接涡旋光场"a"

和 "b" 的嫁接拓扑荷值满足关系 $|m_{a2} - m_{a1}|$ 和 $|m_{b2} - m_{b1}|$ 的差值大于零并且均为奇数。图 5－9（a2）～（d2）所示为相应的实验结果，其实验结果与理论模拟结果基本一致。结果表明：在阵列光环上每个光学涡旋都将形成一个完整的涡旋暗核，且光学涡旋数目同样满足 $N = N_1 + N_2 = |m_{b1} - m_{a1}|/2 + |m_{b2} - m_{a2}|/2$ 关系。图 5－9（a1）～（d1）中的白色曲线插图为反常环形连接的光学涡旋阵列光环中轴线上的光强分布曲线。可以看出，光强曲线的右侧总是存在两个波峰，这是由于此时局部涡旋数量 N_1 和 N_2 的值为半整数，所以在反常环形连接的光学涡旋的光环右侧中间总是会出现一个涡旋暗核。图 5－9（a3）～（d3）展示了相位分布，由于（$m_{b1} - m_{a1}$）和（$m_{b2} - m_{a2}$）的符号都为负，因此光环上所有光学涡旋的符号为负。

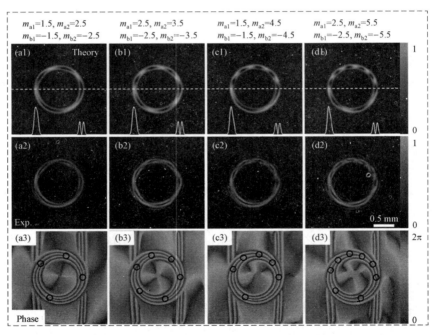

图 5－9　反常环形连接的光学涡旋阵列通过两束嫁接拓扑荷值为半整数的嫁接涡旋光场的叠加产生

（a1）～（d1）分别为理论光强模式；（a2）～（d2）分别为实验光强模式；

（a3）～（d3）分别为对应的相位图（仿真结果）

Fig.5－9　Anomalous ring－connected optical vortex array s generation via superposition of two grafted vortex light fields with half－integer sub－topological charge

（a1）～（d1）are the theoretical intensity patterns.（a2）～（d2）are the experimental intensity patterns.

（a3）～（d3）are the corresponding phase patterns（simulation results）

本章所提出的方法成功地产生了期望的反常环形连接的光学涡旋阵列，阵列光环上的光学涡旋的数目、分布和符号都可以灵活调控。但是，作为研究的第一步工作，本章实现对阵列光环上局部的光学涡旋的符号的灵活调控。在未来的研究工作中，将尝试分别调控各个光学涡旋的符号。一种可行的方法是采用多种嫁接涡旋光场。或者结合任意曲线技术和模式变换技术，可以将反常环形连接的光学涡旋阵列变换成其他结构，如椭圆、多环形和星形结构。此外，该反常环形连接的光学涡旋阵列在复杂微粒操纵和原子冷却等领域的潜在应用将成为一个强大的研究动机。

5.3　本章小结

综上所述，本书提出了一个反常环形连接的光学涡旋阵列。利用两个具有不同嫁接拓扑荷值的嫁接涡旋光场的叠加，成功地实现了对光学涡旋的符号和分布的灵活调控，克服了传统光学涡旋阵列难以调控的局限性。反常环形连接的光学涡旋阵列中光学涡旋的数量由公式 $N=N_1+N_2=|m_{b1}-m_{a1}|/2+|m_{b2}-m_{a2}|/2$ 确定。下半部和上半部的光学涡旋的符号分别由（$m_{b1}-m_{a1}$）和（$m_{b2}-m_{a2}$）的符号决定。通过给其中一个嫁接涡旋光场一个初始相位差，光学涡旋在反常环形连接的光学涡旋阵列的光环的上半部和下半部具有不同的旋转速度。利用这种反常的环连接方法，可以获得更多模式、更加丰富的连接型环形光学涡旋阵列，在光学捕获和光操纵方面具有潜在的应用前景。

第6章

新型 Ince-Gaussian
光束的特性研究

　　涡旋光束是一种具有螺旋形波前且中心光强为 0 的空心光束，在量子信息编码、粒子旋转与操纵、图像处理等领域具有重要的应用价值。近来，在对涡旋光束等新型光场的研究中，相位结构光束成为了空间结构光场领域的一大研究热点，广泛应用于量子信息编码、微粒的分选与控制、光学超分辨及光学图像处理等领域。其中，介于 HG 光束和 LG 光束之间过渡模式的 Ince-Gaussian（IG）光束以其空间模式的多样性成为了该领域的一个焦点。然而，IG 光束作为一种横向光场模式最丰富的相位结构光束，对其模式分布多样性及其丰富模式独特应用的研究还远远不够，因此生成一种类似形状的激光模式成为该方向迫切需要解决的技术问题。

6.1　相位差因子调控的 Ince-Gaussian
光束空间模式分布研究

　　IG 光束是傍轴波动方程在椭圆坐标系上的正交解。光场在传输平面（z 平面）上，椭圆坐标系[169]定义为 $x = f(z)\cosh\xi\cos\eta$，$y = f(z)\sinh\xi\sin\eta$。其中，$\xi \in [0,\infty)$、$\eta \in [0,2\pi)$ 分别是椭圆坐标系的径向和角向椭圆变量。参数为 ξ 的共焦椭圆，与参数为 η 的共焦双曲线的表达式[170]为：

$$\frac{x^2}{f^2(z)\cosh^2\xi} + \frac{y^2}{f^2(z)\sinh^2\xi} = 1 \tag{6-1}$$

$$\frac{x^2}{f^2(z)\cos^2\eta} - \frac{y^2}{f^2(z)\sin^2\eta} = 1 \qquad (6-2)$$

其中，椭圆半焦距 $f(z) = f_0\omega(z)/\omega_0$；$f_0$ 与 ω_0 分别是 $z=0$ 平面的半焦距与高斯光束的束腰。$\omega(z) = \omega_0(1+z^2/z_R^2)^{1/2}$，是高斯光束在 z 处的截面宽度。$z_R = k\omega_0^2/2$ 是瑞利长度，k 为波矢。

在该椭圆坐标系上，IG 光束奇、偶模式的电场表达式为[169,171]：

$$\mathrm{IG}_{p,m}^{\mathrm{e}}(\boldsymbol{r},\varepsilon) = \frac{C\omega_0}{\omega(z)} C_p^m(\mathrm{i}\xi,\varepsilon) C_p^m(\eta,\varepsilon) \exp\left[\frac{-\boldsymbol{r}^2}{\omega^2(z)}\right] \times$$

$$\exp\left\{\mathrm{i}\left[kz + \frac{k\boldsymbol{r}^2}{2R(z)} - (p+1)\psi_{GS}(z)\right]\right\} \qquad (6-3)$$

$$\mathrm{IG}_{p,m}^{\mathrm{o}}(\boldsymbol{r},\varepsilon) = \frac{S\omega_0}{\omega(z)} S_p^m(\mathrm{i}\xi,\varepsilon) S_p^m(\eta,\varepsilon) \exp\left[\frac{-\boldsymbol{r}^2}{\omega^2(z)}\right] \times$$

$$\exp\left\{\mathrm{i}\left[kz + \frac{k\boldsymbol{r}^2}{2R(z)} - (p+1)\psi_{GS}(z)\right]\right\} \qquad (6-4)$$

其中，$\mathrm{IG}_{p,m}^{\mathrm{e}}$ 和 $\mathrm{IG}_{p,m}^{\mathrm{o}}$ 分别为 IG 光束的偶模与奇模；$\varepsilon = 2f_0^2/\omega_0^2$ 是椭圆参数；$\boldsymbol{r}$ 是位置矢量；参数 p 和 m 分别指奇偶模式的阶数与级数；$C_p^m(\eta,\varepsilon)$、$S_p^m(\eta,\varepsilon)$ 分别表示阶数 p 和级数 m 的偶次与奇次因斯多项式；C 与 S 为归一化常数；$R(z) = z + z_R^2/z$ 为光波前的曲率半径；$\psi_{GS}(z) = \arctan(z/z_R)$ 为 Gouy 相移。

由 IG 光束的奇偶模式叠加可以生成 HIG 模式[169]，其电场表达式为：

$$\mathrm{HIG}_{p,m}^{\pm} = \mathrm{IG}_{p,m}^{\mathrm{e}}(\xi,\eta,\varepsilon) \pm \mathrm{i}\mathrm{IG}_{p,m}^{\mathrm{o}}(\xi,\eta,\varepsilon) \qquad (6-5)$$

其中，HIG 模式的上标±代表正负涡旋，级数 m 代表拓扑荷值。

由式（6-3）～（6-5）可知，参数 p、m、ε 共同决定着 IG 奇偶模式的模式分布。而为了提高 IG 光束空间模式的调控自由度，进一步丰富 IG 光束模式分布，本书提出了一种新型 IG 光束（标记为 PIG 光束），其定义如下：

$$\mathrm{PIG}_{p,m}^{\mathrm{e},\varphi} = \mathrm{IG}_{p,m}^{\mathrm{e}}(\xi,\eta,\varepsilon) \times \exp(\mathrm{i}\varphi) + \mathrm{IG}_{p,m}^{\mathrm{o}}(\xi,\eta,\varepsilon) \qquad (6-6)$$

其中，$\mathrm{PIG}_{p,m}^{\mathrm{e},\varphi}$ 的下标 p 和 m 分别代表 PIG 的阶数和级数（$1 \leqslant m \leqslant p$，且 $(-1)^{p-m}=1$）。参数 φ 为奇、偶模之间的初始相位差。下面，本书将重点研究

参数 φ 对这种新型 PIG 光束空间模式的调控特性。

为研究参数 φ 对 $\mathrm{PIG}_{p,m}^{e,\varphi}$ 光束空间分布的影响,本书进行了数值模拟与实验对比研究。实验光路原理图如图 6-1 所示。激光器发出的激光束经过空间针孔滤波器、凸透镜的整形扩束后,激光束变为光强均匀分布的平行光;然后,经过光阑和偏振片后照射在写有掩模版的反射式空间光调制器上。在空间光调制器的衍射空间经另一偏振片和光阑后,衍射再现物光束;最后用 CCD 相机记录光强分布。实验中采用的激光器为北京镭志威光电技术有限公司的 LWGL532-100 mW-SLM 型连续波固体激光器,功率为50 mW、波长为 532 nm;采用的 CCD 相机为 Basler acA1600-60 gc 型彩色相机,像素尺寸为 4.5 μm×4.5 μm,分辨率为 1 600×1 200 像素;采用的空间光调制器为北京杏林睿光公司的 RL-SLM-R2 型,像素尺寸为12.3 μm,填充因子为 90%。

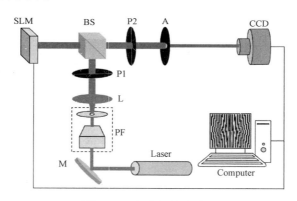

图 6-1 实验光路原理图

M—平面镜;PF—针孔滤波器;L—凸透镜;P1、P2—起偏器与检偏器;

BS—分束立方体;SLM—空间光调制器;A—小孔光阑

Fig.6-1 Schematic of experimental setup

M—mirror,PF—pinhole filter,L—convex lens,P1、P2—polarizers,BS—beam splitter,

SLM—spatial light modulator,A—aperture

实验中写入空间光调制器的掩模版是基于计算全息技术由计算机产生。该相位掩模版的产生过程如图 6-2 所示,将 $\mathrm{PIG}_{p,m}^{e,\varphi}$ 的复振幅 [图 6-2(a)] 与平面波光场 [图 6-2(b)] 干涉后得到的干涉图样 [图 6-2(c)] 作为掩模版由计算机写入空间光调制器。用平面光照射空间光调制器,则在其衍射空间得到 $\mathrm{PIG}_{p,m}^{e,\varphi}$ 光束(一级衍射),然后由 CCD 相机记录后进行分析。

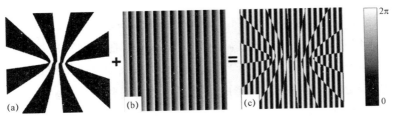

图 6-2　写入空间光调制器的相位掩模版生成过程

（a）$\mathrm{PIG}_{8,8}^{e,3\pi/2}$ 光束相位图；

（b）平面波相位图；（c）最终生成的掩模版

Fig.6-2　Generation of phase mask applied onto the SLM plane

（a）the phase pattern of $\mathrm{PIG}_{8,8}^{e,3\pi/2}$ beam,（b）the phase pattern of plane wave,（c）the phase mask pattern

　　为便于研究，首先以 $\mathrm{PIG}_{8,8}^{e,\varphi}$ 模式光束为例研究相位调控因子 φ 对其空间光强模式的调控作用。此时，在参数 $p=8$，$m=8$，$\varepsilon=2$ 的条件下，研究初始相位差 φ 的取值分别为 0，$\pi/4$，$\pi/2$，$\pi3/4$，π 时的 $\mathrm{PIG}_{8,8}^{e,\varphi}$ 模式光束光强分别。数值模拟及实验结果如图 6-3 所示，其中第一行为实验产生的 $\mathrm{PIG}_{8,8}^{e,\varphi}$ 模式光强图，第二行、第三行分别为对应的理论模拟光强图以及其相位图。

　　首先，由图 6-3（a1）～（e1），在初始相位差 φ 由 0 增加到 $\pi/2$ 的过程中，随着 φ 的增加，实验光强分布逐渐由一个完整的椭圆变为若干个光瓣；当初始相位差 φ 为 $\pi/2$ 时，形成了完全孤立的光瓣，而光瓣的数量正好为拓扑荷值 m 的 2 倍。其主要原因是因为偶模增加 $\pi/2$ 的初始相位时，在传播方向上，

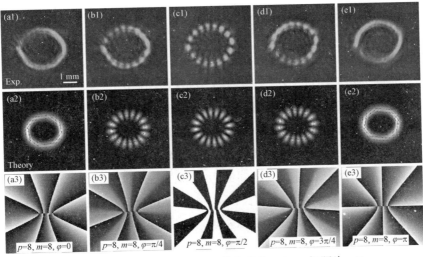

图 6-3　$\mathrm{PIG}_{8,8}^{e,\varphi}$ 模式，其中 φ 的取值为：0～π 间隔为 $\pi/4$

Fig.6-3　Transverse field distributions of $\mathrm{PIG}_{8,8}^{e,\varphi}$ when φ increased from 0 to π in steps of $\pi/4$

相当于波峰的位置向前平移了 1/4 个周期；在光束横截面上，相当于偶模的波阵面（或相位）旋转了一个角度，但是奇模不变，叠加出的光强错开形成了分立的光瓣。因此，通过给奇偶模式 $\pi/2$ 的初始相位差可以得到 $PIG_{p,m}^{e,0}$ 模式的拓扑荷值。当 φ 增大到 π 时，又形成了椭圆形的光强分布。这与图 6-3（a2）~（e2）所示的理论模拟图符合的很好。

图 6-3（a2）~（e2）中黑色的箭头代表着相位梯度，箭头所指方向为相位梯度的方向，因此箭头的旋转方向代表着涡旋的旋转方向。箭头的长度代表着相位梯度归一化后的大小。由图 6-3（a2）可以看出，初始相位差 φ 为 0 时，PIG 模式相位逆时针增大，为正涡旋；而且其箭头分布比较均匀，即相位变化比较均匀。随着初始相位差 φ 的增加，各个箭头长度逐渐变的不均匀。到初始相位为 $\pi/2$ 时，箭头消失，意味着此时涡旋完全消失。当大于 $\pi/2$ 时，箭头（相位梯度）反向，逐渐到初始相位差为 π 时形成相位变化均匀的负涡旋。因此，该技术可以调控椭圆形涡旋光束涡旋方向，这在量子信息编码、光纤通信等领域具有重要的意义。

对于 PIG 光束空间模式随着奇偶模初始相位差 φ 的变化，本书从相位图出发进行分析。图 6-3（a3）~（e3）为 PIG 模式的相位图，黑色代表相位为 0，白色代表相位为 2π。初始时，由图中可以看出 PIG 近似上可以看为由 8 个拓扑荷值为 1 的普通涡旋光束耦合在一起形成 4 个奇点。随着奇偶模初始相位差的增加，由图 6-3（b3）可以看出，8 个涡旋逐渐变形，并且涡旋奇点逐渐分离，最终在初始相位差为 $\pi/2$ 时，每个涡旋变成黑白两部分。当初始相位差大于 $\pi/2$ 时，每个涡旋的黑色部分与其旁边涡旋的白色部分逐渐形成反向的新涡旋。最终初始相位差 φ 为 π 时，形成了与初始情况反向的椭圆形涡旋相位分布。

下面对一个完整的相位周期进行研究。图 6-4 展示了 $PIG_{8,8}^{o,\varphi}$ 与 $PIG_{8,8}^{e,\varphi}$ 模式分布，其中初始相位差 φ 的取值为从 0 到 2π 等间隔取 5 个值。图中，白色和黑色的曲线分别代表着白色和黑色虚线处的光强变化。虚线旁标注的像素值分别代表着光束中心与虚线之间的距离。白色虚线旁的像素值较小定量的印证了光强确实为椭圆形的分布。图 6-4 左上角白色字体标注着模式名称。观察图 6-4 虚线处的光强变化可以发现，$PIG_{p,m}^{o,\pi/2}$ 与 $PIG_{p,m}^{e,3\pi/2}$ 模式、$PIG_{p,m}^{o,3\pi/2}$ 与 $PIG_{p,m}^{e,\pi/2}$ 模式强度分布是相同的。其原因在于，光束的相位周期为 2π，偶模比奇模多 $3\pi/2$ 的初始相位，如果向前平移一个周期，即为奇模比偶模多 $\pi/2$ 初始相位。因此，两种情况是等价的，只是变化方向相反，所以，本书主要对偶模添加初始相位的情况进行研究。

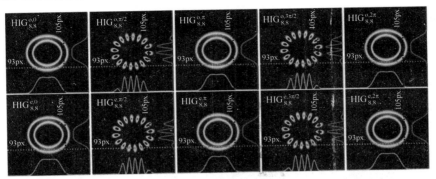

图 6-4　$\text{PIG}_{8,8}^{o,\varphi}$ 与 $\text{PIG}_{8,8}^{e,\varphi}$ 模式分布，φ 的取值为：$0 \sim 2\pi$，间隔为 $\pi/2$

Fig.6-4　Transverse field distributions of $\text{PIG}_{8,8}^{o,\varphi}$ 与 $\text{PIG}_{8,8}^{e,\varphi}$ when φ increased from 0 to 2π in steps of $\pi/2$

观察图 6-3 和图 6-4 发现，$\text{PIG}_{p,m}^{e,\pi/2}$ 模式与 $\text{PIG}_{p,m}^{e,3\pi/2}$ 模式横向光场分布为分立的光瓣。考虑到 $\text{IG}_{p,m}^{e}$ 模式与 $\text{IG}_{p,m}^{o}$ 模式横向分布也为分立的光瓣[169,171]。因此，下面分析这 4 种模式之间的关系。

采取类似于参考文献[170]的方法，令 $\text{PIG}_{p,m}^{e,\varphi} \cdot \text{PIG}_{p,m}^{e,\varphi *} = M$（$\varphi$ 取 $\pi/2$ 和 $3\pi/2$），$\text{IG}_{p,m}^{e} \cdot \text{IG}_{p,m}^{e *} = M$，$\text{IG}_{p,m}^{o} \cdot \text{IG}_{p,m}^{o *} = M$，其中 M 为对应模式光强极大值点。将这三个条件分别代入式（6-1）和式（6-2）中，得到 4 种模式所对应的节点线，如图 6-5 所示。其中白线是计算出的双曲节点线，灰线是计算出的椭圆节点线，黑线是实验中光强极大值点所对应的椭圆节点线。由奇偶模式的理论模拟图可以看出，节点线是关于椭圆长轴对称的，使得长轴两边的节点线链接，共同构成了完整的双曲线，如图 6-5（a2）、（c2）所示。由奇偶模式线性组合的 $\text{PIG}_{p,m}^{e,\varphi}$ 模式，则发现双曲节点线在此基础上错开了一个小的数值，如图 6-5（b2）、（d2）所示。另外，由灰色的椭圆节点线，可以知道，图 6-5 中四种模式的椭圆节点线相同，也就是说，四种模式光强分布均在同一个椭圆上。因此，如果按照图 6-5 中从左到右的顺序，依次变换这四种模式，光强变化等同于 16 个（$2m$ 个）光瓣以椭圆节点线为轨道逆时针旋转。由于奇模亮条纹正好对应于偶模的暗条纹[169]，直接依次变换奇偶模式，缺少了中间状态，无法产生旋转的效果，因此该相位调节因子 φ 相当于增加了 IG 光束模式调控的一个自由度，这在微操纵领域具有潜在应用价值。由实验图可以看出，实验得到的光瓣分布在理论计算出的双曲节点线上，实验与理论符合的

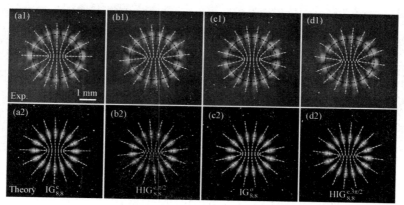

比较好，验证了该调控因子在实际应用中的可行性。

图 6−5 $IG_{8,8}^{e}$、$PIG_{8,8}^{e,\pi/2}$、$IG_{8,8}^{o}$、$PIG_{8,8}^{e,3\pi/2}$ 模式光瓣所在节点线
（白色代表双曲节点，灰线代表椭圆节点，黑色为实验图光强极大点所在椭圆节点线）
Fig.6−5 Nodal lines of $IG_{8,8}^{e}$, $PIG_{8,8}^{e,\pi/2}$, $IG_{8,8}^{o}$, $PIG_{8,8}^{e,3\pi/2}$
（Grey lines and black lines depict the elliptic nodal lines and the white lines the hyperbolic nodal lines）

对于上述结论，下面进行详细的定量分析。图 6−6 展示了图 6−5 中四种模式光瓣的角向椭圆变量的变化趋势。其横坐标为光瓣的编号，编号顺序如图 6−6 左上角子图所示。图 6−6 的纵坐标为光瓣角向椭圆变量 η，单位为 π。图 6−6 中方块代表 $IG_{8,8}^{e}$ 模式的光瓣，三角代表 $IG_{8,8}^{o}$ 模式的光瓣，圆圈代表 $PIG_{8,8}^{e,\pi/2}$ 模式的光瓣，倒三角代表 $PIG_{8,8}^{e,3\pi/2}$ 模式的光瓣。首先，研究其中一个光瓣四种模式的变化趋势。由图中可以看出 4 种模式角向椭圆变量依次增加。并且每两种模式相同光瓣之间的角向位置间隔（简称模式间隔）近似相等。以光瓣 1、2 为例，第一个光瓣模式间隔为 $0.036\pi\pm0.002\pi$；第二个光瓣模式间隔为 $0.032\pi\pm0.002\pi$。之后，再研究每两个光瓣之间的变化趋势，发现前一个光瓣的最后一个模式角向椭圆变量的数值小于后一个光瓣第一个模式的角向椭圆变量。其差值称之为过渡间隔。同样以光瓣 1、2 为例，过渡间隔为 0.035π，接近于前两个光瓣的模式间隔。也就是说，在依次变换 4 种模式的过程中，前一个光瓣的最后一个模式状态正好可以衔接后一个光瓣的第一种模式状态。并且过渡间隔与所在光瓣的模式间隔近似相等；这保证了相邻两光瓣过渡时期的稳定性。该结果表明：依次变换 4 种模式，可实现光瓣沿椭圆节点线逆时针旋转。

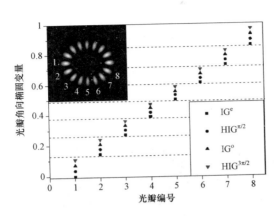

图 6-6　$IG_{8,8}^{e}$、$IG_{8,8}^{o}$、$PIG_{8,8}^{e,\pi/2}$、$PIG_{8,8}^{e,3\pi/2}$ 模式的光瓣角向椭圆变量 η 与光瓣编号的关系图

Fig.6-6　The angular elliptic variables η and the number of light spot of $IG_{8,8}^{e}$, $IG_{8,8}^{o}$, $PIG_{8,8}^{e,\pi/2}$, $PIG_{8,8}^{e,3\pi/2}$

为不失一般性，最后选取了不同阶数 p 和级数 m 的 PIG 模式进行研究，如图 6-7 所示。图 6-7 中白线为计算出的双曲节点线，灰线为计算出的椭圆节点线；第一、三行为 PIG 模式光强图，二、四行为对应参数的复振幅求角向得到的相位图。由相位图可以看出，对于涡旋状态的 PIG 模式，m 代表着拓扑荷值的大小。观察对应的光强图可以知道（$p-m$）/2+1 代表着光环的环数。对于分立光瓣的 PIG 模式分布，可以发现，光瓣所在双曲节点线的个数为 $2m$ 个，亮环所在椭圆节点线个数为（$p-m$）/2+1 个。因此对于多环情况（$p\neq m$），光瓣个数不在是拓扑荷值的二倍，但是光瓣所在双曲节点线个数仍然满足拓扑荷值二倍的关系。另外，双曲节点线的位置分布类似于图 6-5 的情况，也就是说，图 6-5 中得到的结论对于不同阶数 p 和级数 m 的 PIG 模式仍然适用。研究表明：实验光强图与该理论结果符合得非常好，其余模式也具有相同的性质；篇幅所限，在此不做赘述。

本书提出了一种新型 IG 光束，称为 PIG 光束。实验与数值模拟的结果表明，初始相位差 φ 是 PIG 光束模式分布的一个重要的调控参数。调节参数 φ 使其在 0 到 π 区间上连续取值，可以实现正负涡旋的连续变换，其中间状态涡旋消失；调节 φ 使其为 π 的整数倍，可以实现正负涡旋模式的跳变切换。该功能在微粒操控领域可实现运动微粒的骤停和反向运动。此外，调节初始相位差 φ 使其为 π 的半整数倍，得到的 PIG 模式与 IG 奇偶模式配合着依次显示可实现其瓣状空间模式中光瓣的精确椭圆轨迹位移，这为微粒操纵及光束微雕刻等领域提供了额外的调控自由度。最后本书还对不同阶数 p 和级数 m 的 PIG 模式进行研究，发现 p 和 m 的取值不同时，光瓣所在椭圆节点线的个数为 $(p-m)/2+1$，双曲节点线的个数为 $2m$ 个。上述结论仍然适用，实现了光瓣在椭圆轨迹上的精确调控。

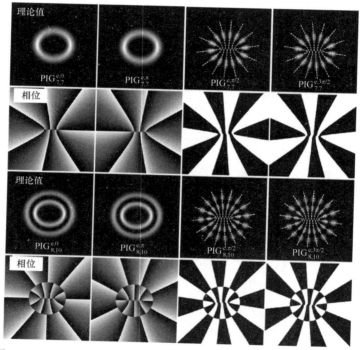

图6-7　不同阶数 p 和级数 m 的 PIG 模式的横向分布光强图与相位图
Fig.6-7　The intensity pattern and the phase mask with different order p and degree m

6.2　一种 V 型 Ince-Gaussion 光束空间模式分布特性研究

IG 光束为空间近轴波动方程在椭圆坐标系上的准确正交解。在传输距离为 z 的光轴截面上，定义椭圆坐标系 (ξ, η) 为：$x = f(z)\cosh(\xi)\cos(\eta)$，

74

$y = f(z)\sinh(\xi)\sin(\eta)$，其中 $\xi \in [0,\infty)$、$\eta \in [0,2\pi)$ 分别表示径向和角向椭圆变量；$f(z) = f_0\omega(z)/\omega_0$ 为椭圆半焦距，其中，f_0 是 $z = 0$ 平面处的半焦距，ω_0 为 $z = 0$ 处高斯光束束腰半径，$\omega(z) = \omega_0\sqrt{(1 + z^2/z_R^2)}$ 为高斯光束在 z 处的截面宽度，其中，$z_R = k\omega_0^2/2$ 为瑞利长度，k 为波数。建立在该椭圆坐标系上的 IG 光束奇偶模式的电场表达式为[171]：

$$\mathrm{IG}_{p,m}^{e}(\boldsymbol{r},\varepsilon) = \frac{C\omega_0}{\omega(z)} C_p^m(\mathrm{i}\xi,\varepsilon) C_p^m(\eta,\varepsilon) \exp\left[\frac{-\boldsymbol{r}^2}{\omega^2(z)}\right] \times$$
$$\exp\left\{\mathrm{i}\left[kz + \frac{k\boldsymbol{r}^2}{2R(z)} - (p+1)\right]\Psi_{GS}(z)\right\} \tag{6-7}$$

$$\mathrm{IG}_{p,m}^{o}(\boldsymbol{r},\varepsilon) = \frac{S\omega_0}{\omega(z)} S_p^m(\mathrm{i}\xi,\varepsilon) S_p^m(\eta,\varepsilon) \exp\left[\frac{-\boldsymbol{r}^2}{\omega^2(z)}\right] \times$$
$$\exp\left\{\mathrm{i}\left[kz + \frac{k\boldsymbol{r}^2}{2R(z)} - (p+1)\right]\Psi_{GS}(z)\right\} \tag{6-8}$$

其中，$\boldsymbol{r}$ 为径向位置矢量，$\varepsilon = 2f_0^2/\omega_0^2$ 表示椭圆参数，p 和 m 分别表示奇偶模式 IG 光束的阶数和级数[$1 \leqslant m \leqslant p$，且（$-1$）$^{p-m} = 1$]，e 和 o 分别代表偶模和奇模 IG 光束。$C$ 和 S 为归一化参数，其意义在于可以使不同阶数与级数的 IG 光束模式统一在同一个数量级上；C_p^m 和 S_p^m 分别为阶数和级数为 p 和 m 的偶次和奇次 Ince 多项式，$R(z) = z + z_R^2/z$ 为光波前的曲率半径，$\Psi_{GS}(z) = \arctan(z/z_R)$ 为 Gouy 相移。

改变 IG 光束阶数 p 与级数 m，式（6-1）、式（6-2）描述的 IG 光束奇偶模式会形成由 m 个双曲节点线与（$p-m$）/2 个椭圆节点线给分割开的光瓣模式分布，其椭圆节点线随着参数 p、m 的增大而增大。此外，调节椭圆参数 ε，还可以改变双曲与椭圆节点线焦点位置，实现 IG 模式向厄米高斯与拉盖尔高斯模式的转换[171]。因此，不同参数下的 $\mathrm{IG}_{p,m}^{e}$ 与 $\mathrm{IG}_{p,m}^{o}$ 光束叠加可以形成更为丰富的模式分布，为构造特殊形貌的光束创造了条件。本项目考虑 $\mathrm{IG}_{p,m}^{e}$ 和 $\mathrm{IG}_{2p,2m}^{o}$ 的叠加生成一种 VIG 光束，相应的电场表达式为：

$$\mathrm{VIG}_p = \mathrm{IG}_{p,\epsilon}^{e}(\xi,\eta,\epsilon) + \mathrm{IG}_{2p,\epsilon}^{o}(\xi,\eta,\epsilon) \tag{6-9}$$

其中，所产生的 VIG 光束阶数 p 与级数 m 相等，因此将其看为一个参数 p。此外，该光束模式为一个椭圆节点线上分布的 $2p$ 个 "V" 字形光瓣，因此命名为 "V" 型因斯高斯光束，简称 VIG 光束。图 6-8 以 $p=6$ 为例，展示了所生成的 VIG 光束。图中灰色与白色虚线分别为 IG_6^e 模式、IG_{12}^o 模式光强最亮点所在椭圆节点线。图 6-8（c）展示了两模式叠加的结果。当 IG^o 模式的阶数 p 为 IG^e 模式的两倍时，由于 IG 光束光瓣所在的椭圆节点线随着阶数 p 的增大而增大[171]，因此使得 IG^e 模式每一个光瓣的外侧正好与 IG^o 模式每两个光瓣的内侧空间重合形成干涉，最终生成 VIG 光束。

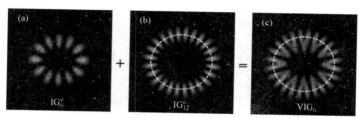

图 6-8　IG 奇、偶模式叠加生成 VIG 模式的过程

（a）IG_6^e 模式分布；（b）IG_{12}^o 的模式分布；

（c）VIG6 模式分布

Fig.6-8　Generation process of VIG mode base on IG even and odd mode superposition

（a）IG_6^e mode distribution，（b）IG_{12}^o mode distribution，

（c）VIG6 mode distribution

此外，式（6-9）所描述的 VIG 光束必须满足两个限制条件：角向光瓣数目条件与径向空间位置条件。角向光瓣数目条件即满足 IG^o 的阶数为 IG^e 的 2 倍，以保证 IG^o 模式的每两个光瓣与 IG^e 模式的每一个光瓣相匹配；径向空间位置条件指的是 IG^o 模式与 IG^e 模式在空间有交叠。下文通过数值模拟与实验分析对该理论所提出 VIG 光束的生成、限制条件、力场分布等方面进行研究。

下面对上述理论生成的 VIG 光束进行实验分析，所用的实验光路如图 6-9 所示。激光器发出 532 nm 的激光经空间针孔滤波器后再经光阑和凸透镜变为一束平行光，平行光经起偏器和分束立方体后照射在写有相位掩模版的反射式空间光调制器（SLM）上，由 SLM 调制后的光束经检偏器以及配合小孔光阑的 $4f$ 系统筛选出 SLM 的 +1 级衍射即为所需要的 VIG 光束。最后使用一个 CCD 相机记录 VIG 光束的光强分布。实验中使用波长为 532 nm 的连续波固体激光器（型号 MGL-Ⅲ-532-50 mW）；SLM 为德国 HOLOEYE 公司的 PLUTO-VIS-016 型相位空间光调制器，像素尺寸 8 μm，填充因子为 93%，分辨率为 1 920 px×1 080 px；CCD 相机为 Basler acA1600-60 gc 型彩色相机，像素尺寸为 4.5 μm，分辨率为 1 600 px×1 200 px。

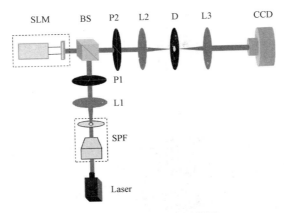

图 6-9　实验光路原理图

（图中 SPF 代表空间针孔滤波器，L1、L2、L3 表示凸透镜，P1、P2 分别表示起偏器和检偏器，BS 表示分束立方体，D 表示小孔光阑，SLM 表示相位空间光调制器）

Fig.6-9　Schematic of experimental

（SPF represent spatial pinhole filter，L1，L2，L3 represent convex lenses，

P1 represent polarizer and P2 represent analyzer，BS represent beam splitter，

D represent small aperture，SLM represent spatial light modulator）

　　基于计算全息技术，本书通过计算机编码得到振幅调制相位掩模版并写入 SLM。使用周期为 d 的闪耀光栅生成的振幅调制相位掩模版复透过率函数表达式[172]为

$$t = A(x, y)\exp\left[\mathrm{i}\left(\varPsi + \frac{2\pi x}{d}\right)\right] \qquad (6-10)$$

　　其中，$A(x, y)$ 和 $\varPsi$ 分别表示 VIG 光束的振幅与相位。图 6-10 为该相位掩模版的产生过程，首先将 VIG 光束的相位 ［图 6-10（a）］与闪耀光栅 ［图 6-10（b）］叠加用以将 ±1 级衍射级与 0 级衍射分离。之后使用振幅调制 ［图 6-10（c）］得到振幅调制相位掩模版 ［图 6-10（d）］，最后通过计算机写入空间光调制器。

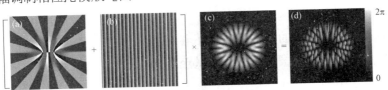

图 6-10　相位掩模版的产生示意图

（a）VIG 光束相位图；（b）闪耀光栅；（c）VIG 模式的振幅分布 $A(x, y)$；（d）输入 SLM 中的相位掩模版

Fig.6-10　Diagrammatic generation of phase mask

（a）The phase pattern of VIG beam，（b）the blazed grating，

（c）the amplitude distribution $A(x, y)$ of VIG mode，（d）the phase mask pattern

基于上述实验装置，在椭圆参数 $\varepsilon=2$ 的情况下所生成的 VIG 光束如图 6-11 所示。图 6-11 第一行为阶数 p 由 2 每隔 2 取到 10 时所生成 VIG 光束的实验光强分布；第二行与第三行分别为所对应的理论模拟光强图与相位图；相位图上灰色实线表示光强所在位置。实验中的每个"V"字形光瓣均清晰可辨，因此实验与模拟符合的非常好，为 VIG 光束的应用创造了条件。

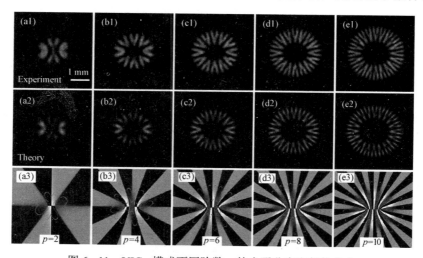

图 6-11　VIGp 模式不同阶数 p 的光强分布和相位分布

（a1）～（e1）实验中产生的 VIG 模式光强分布；（a2）～（e2）理论模拟的 VIG 模式光强分布；
（a3）～（e3）理论模拟的 VIG 模式相位分布，灰色实线表示光强所在位置

Fig.6-11　The intensity distribution and phase distribution of VIGp mode with different order p

（a1）～（e1）Experimental generation of VIG mode intensity distribution，（a2）～（e2）theoretical simulation intensity distribution of VIG mode，（a3）～（e3）theoretical simulation of VIG mode phase distribution，the grey solid line indicates the location of intensity

由 VIG 光束光强分布发现，每个 VIG 光束具有 $2p$ 数量的"V"字形光瓣。其原因在于每个"V"字形光瓣本质上为 IG^e 模式每一个光瓣与 IG^o 模式每两个光瓣干涉而形成的。因此 VIG 光束"V"字形光瓣数量等于 IG^e 光瓣，即 $2p$。应注意，VIG 模式的很多性质保留着 IG 光束性质。当 p 较小时，光瓣所在椭圆节点线的径向椭圆变量较小，甚至当 $p=2$ 时，光束上下两边的"V"字形光瓣由于距离太近而连接在了一起；随着 p 的增大，各个"V"字形光瓣所在椭圆节点线逐渐增大。为了方便研究，本书以奇、偶模光瓣最亮点所在椭圆节点线的均值近似代替 VIG 光束所在椭圆节点线进行数据拟合，发现参数 p 与"V"字形光瓣所在椭圆节点线径向椭圆变量的关系为一个对数函数的

关系 $\varXi = 0.68+0.45\ln(p-0.83)$，相关系数为 0.999 7。该关系为 VIG 光束的调控提供了数据支撑。此外，由图 6-11（a3）～（e3）中"V"字形光瓣内的相位分布可以看出"V"字形光瓣所在位置的相位梯度较小（各个光瓣平均相位梯度约为 0.04π），这就意味着，当使用 VIG 光束进行微粒操纵时，在光轴截面上的力场分布主要为梯度力场。

研究中发现，随着参数 p 取值的增大，奇偶模式光瓣所在椭圆节点线的间隔越来越大。然而光瓣的大小几乎不变，因此 p 必存在一个阈值 P，当 $p > P$ 时，奇偶模式光瓣不符合所提出的径向空间位置条件，无法形成 VIG 光束。为了定量探究 VIG 光束的限制条件，使用数值模拟的方法进行研究。图 6-12（a1）～（e1）即为探究 VIG 光束的径向空间位置条件。选取最大光强的 1/5 为光瓣范围的阈值，则奇模光瓣径向椭圆变量 ξ 最小值所在椭圆节点线为图 6-12 虚线所示；偶模光瓣的径向椭圆变量 ξ 最大值所在椭圆节点线为图 6-12 深虚线所示。只有白色椭圆节点线在灰色椭圆节点线内时，偶模光瓣与奇模光瓣才有重叠部分，满足产生 VIG 的径向条件。模拟发现，当阶数与级数小于 17 时，灰色椭圆节点线在白色椭圆节点线外，奇偶模光瓣有重合部分；当参数为 17 时，灰色椭圆节点线与白色椭圆节点线基本重合（径向椭圆参数相对误差为 0.36%），此时为产生 VIG 光束的临界点；当参数大于 17 时，灰色椭圆节点线在白色椭圆节点线内，不能产生 VIG 光束。因此，VIG 光束的径向空间位置条件为 $p \leqslant 17$。

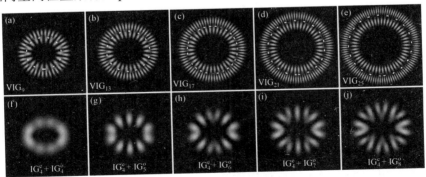

图 6-12　VIG 光束形成的限制条件
（a）$IG_4^e + IG_4^o$；（b）$IG_4^e + IG_5^o$；（c）$IG_4^e + IG_6^o$；（d）$IG_4^e + IG_7^o$；（e）$IG_4^e + IG_8^o$；（f）VIG_9；（g）VIG_{13}；（h）VIG_{17}；（i）VIG_{21}；（j）VIG_{25}

Fig.6-12　The limiting condition of generate the VIG beam
（a）$IG_4^e + IG_4^o$；（b）$IG_4^e + IG_5^o$；（c）$IG_4^e + IG_6^o$；（d）$IG_4^e + IG_7^o$；（e）$IG_4^e + IG_8^o$；（f）VIG_9；（g）VIG_{13}；（h）VIG_{17}；（i）VIG_{21}；（j）VIG_{25}

图 6-12（a2）～（e2）研究了 VIG 光束的角向光瓣数目条件，探究了奇偶模光瓣失配时所对应的光强分布。当奇、偶模参数一样的时候，光强分布在同一个椭圆节点线上，奇偶模光瓣 1:1 配对，形成螺旋 IG 光束[173]。随着奇模参数增加，奇模光瓣与偶模光瓣所在椭圆节点线分离且距离逐渐变大，奇偶模角向光瓣失配。当奇模参数增加到偶模参数的二倍时，角向光瓣由失配转为偶模光瓣比奇模等于 1:2 配对，构成所需要的 VIG 光束。该条件即为 VIG 光束的角向光瓣数目条件。

由于 VIG 光束是由 IG 奇偶模式叠加而成，对改变奇偶模式初始相位差的 VIG 模式分布的研究具有重要的意义。图 6-13 为给偶模一个初始相位后的 VIG 光束模式分布。其中（a）～（l）为 0～2π 等间隔取 12 个初始相位的 VIG 模式光强图；（a1）～（l1）为相同参数的相位图，图中灰色实线为光强所在位置。从中可以看出，随着初始相位的增加，每个 "V" 字形光瓣逐渐分裂为两个光瓣，最终在初始相位差为 π/2 时形成两小两大光瓣相间的分布。其原因是 IG 光束奇偶模式相位为黑白相间分布[171]，因为奇模阶数是偶模阶数的二倍，因此偶模相位周期比奇模少一倍，所以偶模一个黑色或白色条纹对应奇模一对黑白条纹。进而当偶模增加 π/2 初始相位，每个 VIG 光束奇偶模干涉处由于奇模相位的不同而一处变亮一处变暗，例如图 6-14（d）虚线左侧 "V" 字形偶模光瓣并入左边奇模光瓣，相位也耦合在了一起。对于相邻两个 "V" 字形光瓣奇模相位分布相同，由于偶模相位的不同，两 VIG 光束干涉处亮暗变化相反。因此形成了一对短条纹一对长条纹相间分布。随着初始相位差由 π/2 变化到 π，又重新形成了 VIG 光束。继续增加初始相位到 2π 变化趋势类似，不同的是每个 VIG 光束形成的长短条纹正好对调。其原因与 0～π 的情况类似，不再做重复分析。此外，由于对奇模增加初始相位的变化过程与对偶模增加初始相位的变化过程互逆[173]，也不再做重复分析。

图 6-11 已经分析了 VIG 光束光轴截面上的力场主要为梯度力，因此为论证 VIG 光束的应用价值，下面主要研究其梯度力场分布。图 6-14 所示为参数 $p=4$、$\varepsilon=2$ 时，理论模拟的 VIG 模式光强分布及不考虑光束与粒子相互作用的梯度力场分布。其中图 6-14（a）为光强图，如图所示，为了便于区分每个光瓣，对其从 1 到 8 进行编号。图 6-14（b）～（j）为梯度力场分布图，背景图形为梯度力的大小，箭头为梯度力的方向。整体来看只有分布在光束椭圆节点线长短轴上的光瓣梯度力场为轴对称分布，图 6-14

（b），（d），（h），（j）所示。其原因在于 IG 光束不同光瓣的光强分布不均匀。光瓣越是靠近光强分布椭圆节点线的长轴总光强越大[174]，因此奇偶模式的光强分布关于椭圆节点线长短轴对称。所以叠加后的 VIG 光束光强分布也关于长短轴对称，长短轴上的"V"字形光瓣梯度力场为轴对称分布。也因此光瓣 2、4、6、8 的力场分布是相同的，下面以光瓣 2 为例，依据其力场分布定性分析一种粒子运动可能性。发现如果一个静止的粒子在"V"字形光瓣根部（光瓣右下角）被捕获到，由梯度力的指向发现粒子最终会优先被捕获到光瓣右上部分梯度力场暗核处，只有当粒子指向左侧暗核有一个初始速度或者力，使得粒子越过一定阈值才能由左侧暗核捕获。由于不同大小的粒子在微流运动的惯性与所受力不同，因此 VIG 光束有望实现不同大小微粒的分选。

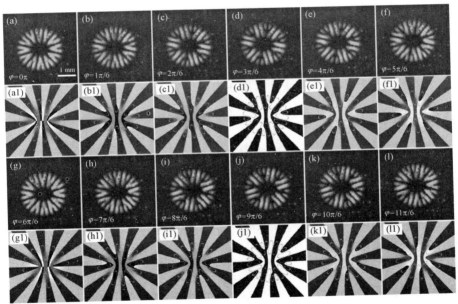

图 6-13　VIG$_p^{e,\varphi}$ 模式的强度和相位分布

（a）～（l）偶模添加初始相位后 VIG 模式光强分布；（a1）～（l1）偶模添加初始相位后 VIG 模式相位分布，灰色实线表示光强所在位置

Fig.6-13　The intensity and phase distribution of VIG$_p^{e,\varphi}$ mode

（a）～（l）The intensity distribution of VIG mode that the even mode had add initial phase，（a1）～（l1）the phase distribution of VIG mode that the even mode had add initial phase，the green solid line indicates the location of intensity

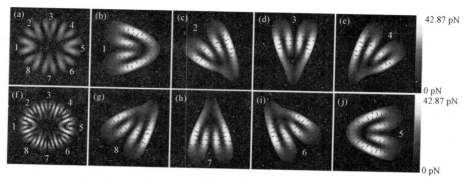

图 6－14　参数 $p=4$ 的 VIG 光束的梯度力

（a）理论模拟 VIG 光束光强分布，从 1 到 8 对每个"V"型光瓣进行编号，（f）VIG 光束的梯度力分布图，（b～e）和（g～j）分别对应 8 个"V"型光瓣的梯度力分布

Fig.6－14　The gradient force of VIG beam with parameter $p=4$

（a）Theoretical simulation intensity distribution of VIG mode, each "V" shape light petal is numbered from 1 to 8, （f）the gradient force distribution of VIG beam, （b～e）and（g～j）corresponding to the gradient force distribution of the eight "V" shape light petals

　　上述分析定性的给出了"V"字形光瓣应用于细胞分选的可行性。为了更为精确的指导实际应用，下面利用参考文献［175］的方法，给出一个激光捕获力大约的数值范围。首先激光的捕获力可以表示为：

$$F = \frac{QP_f n}{c} \tag{6-11}$$

　　式中，F 表示全部的捕获力，单位为 N；P_f 表示微粒处的激光功率，单位为 W；Q 为无量纲捕获效率，表示转移到被捕获物体上的入射光动量；c 为真空中光速；n 为微粒周围介质的折射率。

　　若微粒周围的介质为水，可以估算一个 VIG 光束对微粒捕获力的大小范围。水的介质粘度为 1，在水中 10 μm 大小的微粒的最大横向捕获效率 Q 约为 0.193 4[176]，实验中所用 532 nm 连续波固体激光器的最大功率为 50 mW，水对绿光的折射率约 1.33。利用式（6－11）计算得到 VIG 光束在水介质中对直径为 10 μm 的微粒的最大捕获力 $F_{max} = 42.87$ pN。可以通过调节激光器输出功率来改变作用到微粒上的激光功率，从而根据实际需要调节 VIG 光束的捕获力的大小在 $F_{min} = 0$ pN 到 $F_{max} = 42.87$ pN 的范围内变化。

　　如图 6－15 所示，分别为理论模拟的 VIG 光束梯度力分布情况与实验中得到的 VIG 光束的梯度力分布。从实验图可以看出，"V"字形光瓣的中间较暗而周围边缘处较亮，颜色越亮代表梯度力越强，箭头指向梯度力的方向。

由理论与实验对比发现，本书产生的 VIG 光束具有与理论模拟相一致的梯度力分布，可在光镊系统实验中实现操控微粒和细胞分选等工作。

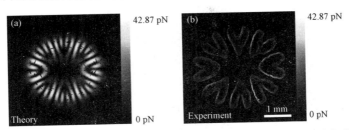

图 6-15　模拟 VIG 光束的梯度力分布与实验得到的 VIG 光束的梯度力分布
（a）理论模拟 VIG 光束梯度力分布；（b）实验产生的 VIG 光束的梯度力分布
Fig.6-15　The gradient force distribution of simulative and experimental VIG beams
（a）The gradient force distribution of theoretical simulative VIG beam，（b）the gradient force distribution of
experimental VIG beam

为了研究的完整性，本书还对多个 IG 模式叠加的情况进行研究。图 6-16 为 IG_p^e、IG_{2p}^o、IG_{3p}^e 的叠加光强模式分布图，（a1）～（e1）为实验图，（a2）～（e2）为理论模拟图。图中可以发现，这三种模式叠加可以生成类似于 VIG 光束的三个分支的光束，命名为三分支 VIG 光束，其光瓣个数规律与 VIG 光束相同（2p 个）。该结果有望实现粒子的多通道分选。此外，研究表明具有初始相位差的 VIG 光束以及三分支 VIG 光束可以调控光瓣链接处的光强大小，有望在细胞分选领域改变分选阈值，但是由于篇幅所限，不在做具体论证。

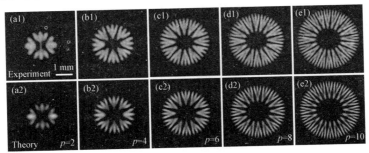

图 6-16　IG_p^e、IG_{2p}^o、IG_{3p}^e 的叠加光强模式分布图
（a1）～（e1）实验中产生的三分叉 VIG 光束，
（a2）～（e2）理论模拟的三分叉 VIG 光束的光强分布，
（a3）～（e3）理论模拟的三分叉 VIG 光束的复振幅求角向得到的相位分布
Fig.6-16　（a1）～（e1）Experimental generation of three branches VIG beam，
（a2）～（e2）theoretical simulative of three branches VIG beam，
（a3）～（e3）the phase distribution of the three branches VIG beams by calculated the angle of the theoretical
simulation complex amplitude

　　本书发现当 IG 光束奇偶模式满足一定的角向光瓣数目条件（奇模参数为偶模的二倍）与径向空间位置条件（阶数 $p \leqslant 17$）时，可以干涉叠加生成一种每个光瓣均为"V"字形的 VIG 光束。其"V"字形光瓣个数为 $2p$ 个，且分布于一个椭圆节点线上。该椭圆节点线的大小依赖于其参数 p 为一个对数函数的关系：节点线径向椭圆变量 $\Xi = 0.68 + 0.45\ln(p - 0.83)$，相关系数 0.999 7。此外，通过调节奇偶模式初始相位差，可以实现"V"字形光瓣向着两大两小相间分布的分离光瓣模式的连续转变，并且可以实现大小光瓣空间位置的对调。通过力场分析，定性的证明 VIG 光束可以应用于细胞分选，并且由于 VIG 光束是由计算全息法产生，与传统使用两柱透镜聚焦两束激光生成"Y"字形光束的方法相比，显著简化了光路结构。此外，使用 IG_p^e、IG_{2p}^o、IG_{3p}^e 三种模式叠加可以产生三个分支的 VIG 光束，有望实现粒子的多通道分选。

第7章

完美涡旋光场力场特性及其
操控微粒特性分析

光镊是利用强聚焦激光束与微粒之间复杂的相互作用从而对微粒产生力学效应的微粒捕获装置。其力场分布受到激光与粒子多种参数的影响，例如激光波长、强度分布、角动量分布以及粒子大小、形状、折射率等。对于标量光束来说，力场主要分为梯度力、散射力以及轨道角动量提供的扳手力。其中光轴方向，梯度力 z 分量与散射力平衡形成稳定捕获条件；光轴截面上，梯度力与轨道角动量共同控制着微粒的二维调控。本章主要研究完美涡旋光场光轴截面梯度力与轨道角动量分布，进而以镜像对称完美涡旋为例探究了其对酵母菌细胞的微操纵实验。

7.1 完美涡旋及椭圆完美涡旋模式力场分布

针对光束截面来说，光场对微粒的作用力主要有梯度力与轨道角动量所产生的光扳手力。完美涡旋截面梯度力主要实现对微粒的捕获以及微粒旋转时为微粒提供向心力，目前已被深入研究[93]，本书不再赘述。因此，本节内容主要针对完美涡旋及椭圆完美涡旋轨道角动量进行探索研究。

激光的轨道角动量不同于粒子物理学，其是由螺旋波前波矢的螺旋性造成，本质上是线动量在光束截面的一个分量。可以通过位置矢量叉乘能流得到[8,166]，具体可以表示为：

$$\begin{cases} \boldsymbol{p} = \dfrac{c}{4\pi}\langle \boldsymbol{E} \times \boldsymbol{B} \rangle = \dfrac{c}{8\pi}(\boldsymbol{E} \times \boldsymbol{B}^* + \boldsymbol{E}^* \times \boldsymbol{B}) = \dfrac{c}{8\pi}[iw(E\nabla_\tau E^* - E^*\nabla_\tau E) + 2wk\,|E|^2\,z] \\ \boldsymbol{j} = \boldsymbol{r} \times \langle \boldsymbol{E} \times \boldsymbol{B} \rangle \propto x \cdot p_y + y \cdot p_x \end{cases}$$

$$(7-1)$$

其中，$\boldsymbol{p}$ 表示时间平均坡印廷矢量；$\boldsymbol{E}$ 为电场强度；$\boldsymbol{B}$ 为磁感应强度；E 为光场电场表达式；w 为圆频率；$\boldsymbol{j}$ 为角动量密度，正负代表轨道角动量方向。由于其受观察面影响，本书规定正值代表轨道角动量逆时针旋转。

根据式（7-1）可以计算完美涡旋轨道角动量如图 7-1 所示。从图中可以看出随着拓扑荷值的增加，轨道角动量逐渐增大。通过计算得到总轨道角动量（角动量密度求和）后对拓扑荷值参数进行拟合，发现其符合正比例关系，相关系数约为 1。该结论与前人给出的理论公式吻合（平均每个光子携带 $m\hbar$ 的轨道角动量）[8]，证明了本书模拟技术的准确性。

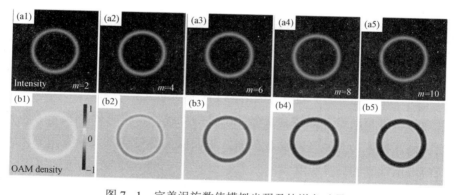

图 7-1　完美涡旋数值模拟光强及轨道角动量

Fig.7-1　Numerical intensity and orbital angular momentum（OAM）
of perfect optical vortex

下面通过计算椭圆完美涡旋轨道角动量对其力场特性进行研究，如图 7-2 所示。整体来看，随着椭圆比例因子 s 的增加，轨道角动量最大值逐渐变小，且长轴轨道角动量密度大于短轴，其原因在于随着椭圆比例因子增加，造成光场局域相位梯度的改变。通过拟合长短轴轨道角动量之比 η 与椭圆比例因子 s 的关系，发现它们服从二次函数关系 $\eta = 2.94s^2 - 2.80s + 0.85$，相关系数高达 0.999 7。该结论为微粒在椭圆轨迹上的变加速运动提供了理论依据。

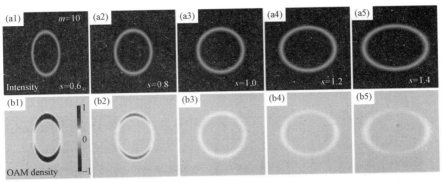

图 7-2　不同椭圆比例因子 s 选取下椭圆完美涡旋数值模拟光强及轨道角动量

Fig.7-2　Numerical intensity and orbital angular momentum of elliptic perfect optical vortex with different scale factors s

7.2　镜像对称完美涡旋模式力场分布及其微操纵实验探究

　　自从 1986 年光镊被提出以来，其在生命科学、纳米技术、天体物理学等领域的应用已被广泛研究。然而光镊要求光束必须被紧聚焦以提供足够大的光场梯度力，造成了其捕获范围受到限制。如果增大捕获范围，就会造成捕获力减小，甚至不能稳定捕获。另一方面，涡旋光束等结构光场光镊可以通过改变焦斑形状来增大捕获范围，但是由于其具有额外参数——轨道角动量，难以做到静态捕获。因此，增加单光束静态光镊捕获范围成为了该行业长期存在的一个关键科学问题，为此，结合两个光学扳手与静态光镊，提供了一种捕获范围可任意调控的新型静态光镊，命名为镜像对称光学涡旋光镊。在此光镊中，光学扳手扩大了捕获范围，实现了粒子聚集；同时静态光镊确保了微粒的稳定捕获。基于该方案，首先考虑使用镜像对称螺旋相位在远场设计一对光学扳手 [图 7-3（a1）]。然而，对于传统的光学涡旋，由于角向能流分布，光场在远场旋转了 $\pi/2$[177]。因此，这两个镜像对称部分在远场叠加干涉后形成了一系列光瓣。光学扳手也随着干涉后光束局部轨道角动量的消失而消失，难以满足设计要求。

　　为了解决该问题，使用一个锥透镜参数为 α 的锥透镜提供一个径向能流分量，图 7-3（b）所示。为了研究锥透镜对远场光场分布的影响，将初始场切掉一半后对光场分布进行观察，图 7-3 第二行所示。从中看出随着锥透镜参数的增加，即径向能流的增加，远场光场旋转角度逐渐减小（$<\pi/2$），半环光强的环半径逐渐增大。因此径向能流的引入使得干涉区域得到调控，很好地解决了上述遗留问题。

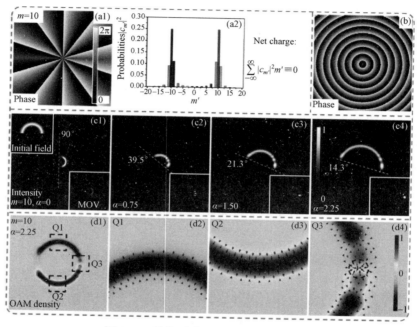

图 7-3　镜像对称光学涡旋生成示意图

Fig.7-3　Schematic of the mirror-symmetric optical vortex beam generation

基于此，镜像对称完美涡旋光束的公式可以写成：

$$E(\rho,\varphi)=\exp(-i\alpha\rho)\exp(im|\varphi|) \qquad (7-2)$$

值得注意的是，对于镜像对称完美涡旋光束来说，拓扑荷值 m 决定的是局部轨道角动量。由于其具有关于 0 对称的轨道角动量态分布 [图 7-3（a2）][165,178]，其净拓扑荷值与 m 无关且恒等于 0。式（7-2）所表述光场远场光强如图 7-3（c1）~（c4）子图所示，其光瓣区域所占比例随着 α 的增加而减小，再次印证了 α 对干涉区域的调节作用。

下面对镜像对称完美涡旋光场力场进行研究。图 7-3 底行以 $m=10$、$\alpha=2.25$ 为例展示了镜像对称完美涡旋光场的梯度力（简称 GF）及轨道角动量分布。背景色为标准化后的轨道角动量，箭头为梯度力场分布（箭头方向与长度分布代表梯度力方向与大小）。图中可以看出 Q1 区域轨道角动量顺时针（灰色标记）、Q2 逆时针（黑色标记），证明了局部轨道角动量对粒子提供一个聚集到 Q3 区域的运动趋势。图 7－3（d2）～（d4）分别显示了 Q1～Q3 区域力场分布的 6 倍放大图。Q1 和 Q2 中的梯度力分布指向轨道角动量环的中心，为粒子提供一个束缚力，进而在微粒受轨道角动量作用旋转时提供向心力。此外，Q3 中的梯度力分布类似于高斯光束梯度力场，因此为粒子提供了一个静态光镊光阱。

镜像对称完美涡旋光场生成光路如图 7－4 所示。使用 532 nm 的连续波固体激光器照射写有掩模版的反射型液晶空间光调制器（SLM，HOLOEYE，PLUTO－VIS－016，像素大小：8 μm × 8 μm，分辨率：1 920 × 1 080 像素）。随后通过 4－f 滤波系统过滤掉－1 和 0 级衍射光，在 L2 焦平面生成了镜像对称完美涡旋光场。将生成光场使用一个倒置显微物镜耦合到样品台进行微操纵实验，使用 620 nm 的 LED 光源作为背景照明光场对微操纵实验进行照明后通过成像光路在 CCD 相机处（Basler acA1600－60gc，像素大小：4.5 μm × 4.5 μm）成像。在实验中，激光功率调节为 500 mW。为了印证该新型光镊在

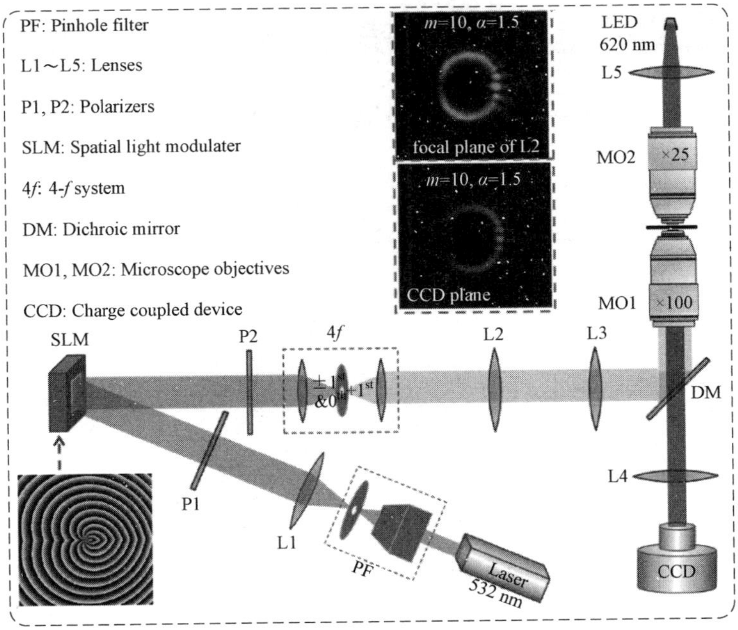

图 7－4　实验装置示意图

Fig.7－4　Schematic of the experimental setup

生物光子学中的潜在应用，本书使用直径为 4.28 μm 和 5.94 μm 的酵母细胞水溶液为被操纵式样。

使用上述实验装置生成的拓扑荷值分别为 5、10、15 的镜像对称完美涡旋光场如图 7−5 所示。直观的，在光扳手连接处形成了干涉光瓣，且光瓣数随拓扑荷值的增加而增多。该现象会造成轨道角动量及梯度力分布的改变。为了印证这一事实，图 7−5（b1）与（b2）分别展示了（a1）深灰色虚线处的轨道角动量与梯度力绕光轴力矩的分布。从中看出，区域 G1、G2 局部轨道角动量近似恒定并且随着 TC 的增加而增加，而梯度力矩约为 0，类似于普通涡旋光束。因此，G1 和 G2 区域中的角向总力仅由轨道角动量决定，这确保了微粒受轨道角动量驱动旋转时不受梯度力的干扰。然而，在 G3 区域中，由于干涉光瓣的形成，梯度力力矩开始起作用并形成光阱。并且光阱深度（TD）

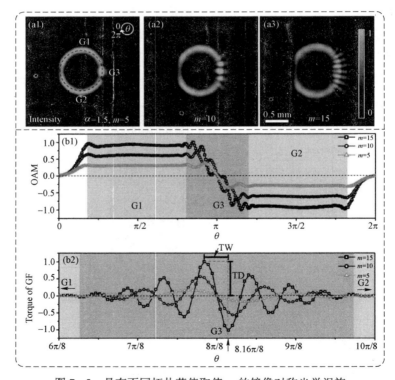

图 7−5　具有不同拓扑荷值取值 *m* 的镜像对称光学涡旋

（a1）～（a3）实验光强图；（b1），（b2）为（a1）中圆圈处的轨道角动量和梯度力力矩

Fig.7−5　Mirror-symmetric optical vortex with different topological charges *m*

（a1）～（a3）experimental intensity patterns；（b1）and（b2）numerical orbital angular momentum and torque of gradient force distributions in the circle marked in（a1），respectively

随 m 增加而增加，宽度（TW）随着 m 的增加而减小。对于 $m=15$，光阱宽度仅为 $0.32\pi/8$。然而，该区域的轨道角动量变化较慢。当轨道角动量从 1 变为 -1 时，方位角 θ 变为 $3\pi/8 \gg 0.32\pi/8$。因此，梯度力力矩在干涉区域起主要作用，并为光学镊子提供静态捕获力。简言之，粒子可以在轨道角动量和梯度力联合控制下聚集和捕获。

从力场分析中可知，镜像对称完美涡旋光场的干涉区域 Θ 影响着轨道角动量与梯度力场的分布，因此下面对干涉区域的调控进行研究。由于镜像对称完美涡旋光场由两个镜像对称的螺旋相位产生，因此干涉区域等于远场中涡旋旋转角度的两倍。图 7-6 左列为调控干涉区域的特征曲线。图中可以看出，干涉区域随锥透镜参数的增加而非线性的减小。其原因在于干涉区域由径向与角向能流共同决定。当 $\alpha=0$ 时，径向能流分量为零，因此 $\Theta=180°$，与 m 无关。随着锥透镜参数增加，径向能流分量增加，导致干涉区域减小。此外，随着角向能流分量增加，即拓扑荷值增加，干涉区域 Θ 增加。

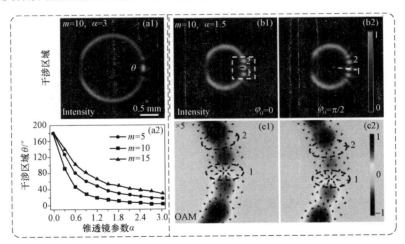

图 7-6 干涉区域与锥透镜参数的依赖关系（左列）；初始相位差调控的镜像对称光学涡旋模式（中间和右侧列）

Fig.7-6 Dependence of the interference area on the axicon parameter（left column）and mirror-symmetric optical vortex patterns with different initial phase differences（middle and right columns）

干涉区域提供了静态捕获光阱。然而根据干涉理论，干涉条纹随初始相位差的改变而改变。那么基于此原理干涉区域的光阱分布是否可控？因此，给镜像对称的两螺旋相位因子施加初始相位差 Ψ_0，得到的实验光强图如

图 7−6（b1）与（b2）所示。从中可以看出随着初始相位差的增加，编号为 1 的光瓣逐渐远离标记灰线，光瓣 2 则逐渐接近。通过对白框内的光场力场分布［图 7−6（c1）与（c2）所示］可知，光场梯度力分布也随着光瓣的移动而变化。该结果为被捕获微粒的精确操纵提供了一种潜在调控手段。

下面探究镜像对称完美涡旋光场捕获范围的调控，其捕获范围 Ω 定义为当粒子正好被捕获时光轴与粒子中心之间距离的两倍，图 7−7（a）白色虚线所示。图 7−7（b）中插图展示了捕获范围的计算方法。具体实验中，调控光束逐渐靠近酵母菌细胞，每次移动光束后等待 10 s 的捕获时间，最终找到酵母菌正好被捕获的位置计算其捕获范围。实验结果如图 7−7（b）所示，捕获范围与锥透镜参数均为线性相关关系，与酵母菌大小无关。此外，较小细胞拟合的 Pearson 相关系数（0.980 8）小于大细胞拟合的 Pearson 相关系数（0.983 4）。这是由于细胞布朗运动的随机性造成的，细胞越小，布朗运动就越剧烈，捕获范围的边界就越模糊。

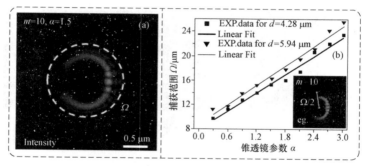

图 7−7　捕获范围与轴锥参数的依赖关系（实验结果）

Fig.7−7　Dependence of the trapping range on the axicon parameter（experimental results）

在相同实验条件下，使用高斯光束对酵母菌进行操纵发现，对于较大和较小的酵母细胞，$\alpha=3$ 的镜像对称完美涡旋光场的捕获范围分别是高斯光束的 3.21 和 3.51 倍。此外，根据需要，还可继续增加锥透镜参数以获取更大的捕获范围。

为了定量得到捕获力 F_f 大小，使用 Stokes 拖拽测试方法对力场进行评估，其可表述为：

$$F_f = Kr = F_{\mathrm{drag}} = 6\pi\eta r_c v \qquad (7-3)$$

其中 K 为光阱刚度，η 是周围介质的粘滞系数（对于水溶液，$\eta=0.89$ mPa·s），

F_{drag} 是 Stokes 拖曳力，r_{c} 是酵母细胞半径，v 是拖曳速度。

通过以不同的速度拖曳酵母细胞，确定最大拖曳速度，从而根据方程（7-3）即可计算得到最大捕获力和光阱刚度。结果如图 7-8 所示，首行为实验拖曳酵母菌示例（详细的拖曳过程见笔者硕士阶段发表论文［Appl. Phys. Lett. 114, 081903（2019）］的附件视频），第二行数据分别为计算得到的捕获力及捕获刚度。与高斯光束不同，由于镜像对称完美涡旋光场的不对称性，造成了镜像对称完美涡旋的捕获力具有各向异性。简单起见，仅关注极值情况，也就是朝 x 轴正负方向拖曳。对于 x 轴正方向情况，捕获力较大，其原因是由于两个光学扳手均提供一个向 x 轴正方向的拖曳力。且由于粒子与光束不同相对大小的变化，从而造成力场大小的波动。当光束尺寸大于微粒时，力场趋于稳定，此时捕获力的平均值为 0.784 pN 和 0.477 pN，是高斯光束的

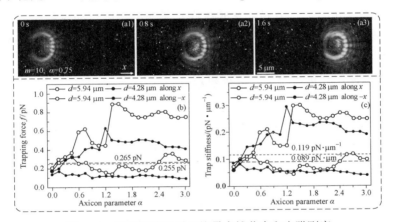

图 7-8　镜像对称光学涡旋最大捕获力和光阱刚度

（a1）～（a3）：细胞拖曳示例；（b）、（c）：捕获力和光阱刚度随参数 α 增加的变化曲线较大和较小的圆圈分别代表较大和较小酵母细胞的实验数据。灰色（打印版中从上数前两条曲线）和黑色（打印版中从上数后两条曲线）分别代表沿 x 和 $-x$ 方向对酵母菌细胞拖曳的实验数据。虚线和点线表示使用高斯光束对较大和较小的酵母细胞拖曳的相应结果

Fig.7-8　Maximum trapping force and trap stiffness of the mirror-symmetric optical vortex

（a1）～（a3）the example of dragging cell.（b）、（c）Dependences of the trapping force and trap stiffness on α, respectively. The experimental data for bigger and smaller yeast cells are marked via Bigger and smaller circles, respectively. Grey（the top two curves in printed version）and black（the bottom two curves in printed version）represent experimental data for the trapping yeast cell along x and $-x$ directions，respectively. Dashed and dotted lines represent the corresponding results by using the Gaussian beam for the bigger and smaller yeast cells

2.96 倍和 1.87 倍。对于 x 轴负方向，较大微粒捕获力起伏较大，受局域角动量影响较大。计算得大、小细胞捕获力平均值分别为 0.236 pN 和 0.117 pN，均小于高斯光束。

镜像对称完美涡旋光阱刚度变化趋势与捕获力的变化趋势相同，这与方程（7-3）的推导结果一致。对于 x 方向，大、小细胞的平均光阱刚度值分别是高斯光束的 2.97 倍和 1.87 倍。然而，对于 $-x$ 方向，大、小细胞刚度的平均值分别是高斯光束平均值的 88.76% 和 46.22%。

7.3 本章小结

对于涡旋光束来说，光场横向梯度力主要为微粒旋转提供一个向心力。因此本章重点介绍了完美涡旋及非对称完美涡旋轨道角动量分布，发现椭圆完美涡旋随着长轴角动量密度不再均匀，长、短轴角动量之比与椭圆比例因子之间服从二次函数关系，相关系数高达 0.999 7，该结论为微粒在椭圆轨迹上实现变加速运动提供了潜在的操纵模式。

进一步探索研究了镜像对称完美光学涡旋光阱，它包含两个反向的光扳手和一个静态光镊。对酵母菌细胞光操纵的实验证明，对于相同的激光功率水平，该光阱捕获范围约为 25 μm，是高斯光束的 3 倍。通过斯托克斯（stokes）测试的方法，得到了镜像对称完美光学涡旋的最大捕获力和光阱刚度均约为高斯光束的 3 倍。该技术的提出，解决了传统单光束光镊捕获范围难以增加的难题，并且该技术具有简单、稳定、易操作等优点。结合快速扫描等传统单光束光镊的外围技术，镜像对称光学涡旋光阱具有更为广阔的应用前景。

第8章

轨道角动量可控的
非对称涡旋光场

    涡旋光场是一种具有环形光强分布的特殊结构光场,其中心光强为零,波前为螺旋形分布。涡旋光场由于其光环上携带有轨道角动量,因此广泛应用于大容量光通信、光学微操纵、光学微雕刻和光学测量等领域。为了获得多种多样的轨道角动量分布,近年来研究人员提出了一类非对称涡旋光场。虽然它们可以促进涡旋光场实现多种多样的轨道角动量分布形状,但是本质上是通过改变涡旋光场的光强分布来实现其轨道角动量的分布和大小的调控。因此,这些方法的缺点是轨道角动量分布强烈依赖于光强的分布。此外,涡旋光场局部的轨道角动量的方向从未实现过自由地调控。因此,为了更灵活地控制光环上的微粒的旋转运动,有必要开发一种具有恒定光强和分布可控轨道角动量分布的新型涡旋光场,包括对局部轨道角动量方向的调控。因此,本章通过对两个或多个具有不同拓扑荷值的传统涡旋光场局部的螺旋相位进行嫁接,从而获得一种轨道角动量分布可控且光强分布保持恒定的新型非对称涡旋光场,称之为嫁接涡旋光场。这种新型的非对称涡旋光场的轨道角动量为非圆对称分布。本章随后研究了该嫁接涡旋光场的调控特性以及微粒操纵特性。

8.1 嫁接涡旋光场的产生方法

8.1.1 嫁接涡旋光场的理论提出

首先，嫁接涡旋光场的螺旋相位生成过程包括嫁接两个或更多的传统涡旋光场的局部螺旋相位。如图 8−1（a）～（c）所示，演示了嫁接涡旋光场的螺旋相位的产生过程。如图 8−1（a）所示，第一个传统涡旋光场的拓扑荷值为 m_1，将该传统涡旋光场的螺旋相位的下半部分切除，保留其上半部分作为"接穗"。如图 8−1（b）所示，另一个传统涡旋光场的拓扑荷值为 m_2，将该传统涡旋光场的螺旋相位的上半部分切除，保留其下半部分作为"根茎"。然后，如图 8−1（c）所示，将这两部分螺旋相位嫁接在一起即可得到所需的嫁接涡旋光场的相位。可以看出，这两个传统涡旋光场的局部的螺旋相位"接穗"和"根茎"完美地嫁接在一起。尽管两部分的螺旋相位嫁接的良好，但是随着拓扑荷值的增大，传统涡旋光场的半径也会逐渐增大。最终导致"接穗"和"根茎"的光强分布不能完美地嫁接在一起。为了克服这个限制，本章使用一个狄拉克函数 δ 将两部分的光强限制在一个光环上。最后，嫁接涡旋光场的复振幅函数可以用式（8−1）表示：

$$E(r,\theta) \equiv \delta(r-r_0)\exp\left[\mathrm{i}\sum_{n'=1}^{N}\mathrm{rect}\left(\frac{N\theta}{2\pi}-\frac{N+1}{2}+n'\right)m_n\theta\right] \qquad (8-1)$$

其中 (r,θ) 表示极坐标系，r 表示径向坐标变量，θ 表示角向坐标变量，r_0 表示嫁接涡旋光场的光环半径，$\mathrm{rect}(\cdot)$ 表示矩形函数，N 和 m_n 分别表示嫁接所用的传统涡旋光场的螺旋相位的个数和相应的拓扑荷值。当 $N=2$ 时，m_1 和 m_2 分别对应局部螺旋相位"接穗"和"根茎"的拓扑荷值。如果 $m_1=m_2$，产生的嫁接涡旋光场可以被认为是一个传统的涡旋光场。对于涡旋光场，拓扑荷值是一个重要的参数。因此，根据拓扑荷值的定义，嫁接涡旋光场的等效拓扑荷值满足关系式 $M=(m_1+m_2)/2$[22,179]。在式（8−1）中，狄拉克函数 δ 的作用是用来确保具有不同拓扑荷值的传统涡旋光场的光强在保持相同的半径大小[37]。

为了进一步对比嫁接涡旋光场与传统涡旋光场的区别，本章将对嫁接涡旋光场的轨道角动量态进行分解。图 8−1（d）和（e）展示了两个等效拓扑荷值分别为整数和半整数的嫁接涡旋光场的轨道角动量态的分解图。嫁接涡旋光场的两个最大概率分别分布在 $m=m_1$ 和 $m=m_2$ 的状态，这与传统涡旋光场的情况不同。此外，其他的轨道角动量态也有一定的概率分布[76,165]。原因是由于嫁接用的两个传统的涡旋光场都只保留了一部分的螺旋相位。

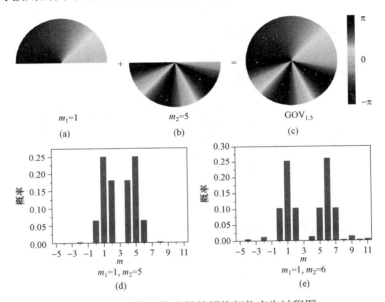

图 8-1 嫁接涡旋光场的螺旋相位产生过程图

（a）"接穗"的螺旋相位；（b）"根茎"的螺旋相位；（c）嫁接涡旋光场的螺旋相位；

（d）和（e）分别为等效拓扑荷值为整数和半整数的嫁接涡旋光场的

轨道角动量态的分解图

Fig.8-1 Spiral phase generation of the grafted vortex light field

（a）spiral phase of the "scion"；（b）spiral phase of the "rootstock"；（c）spiral phase of

the grafted vortex light field；（d）and（e）decompositions of the orbital angular

momentum states for an integer and half integer equivalent topological charge

8.1.2 嫁接涡旋光场的实验产生技术

虽然通过实验来实现理想的嫁接光学涡旋是不可能的，但可以通过实验来产生近似的嫁接涡旋光场。这个想法是使用一个近似函数来代替式（8-1）使用的狄拉克函数 δ。一种非常灵活的方法是结合空间光调制器的数字锥透镜的方法。使用这种方法，嫁接涡旋光场的相位掩模版的透过率函数可以写为[39]：

$$t(\rho,\varphi)=\exp\left[\mathrm{i}\sum_{n'=1}^{N}\mathrm{rect}\left(\frac{N\varphi}{2\pi}-\frac{N+1}{2}+n'\right)m_{n'}\varphi\right]\exp[-\mathrm{i}k(n-1)\alpha\rho]\exp\left(\frac{\mathrm{i}2\pi x}{D}\right)$$

$$(8-2)$$

其中(ρ, φ)表示空间光调制器平面上的极坐标系，ρ表示径向坐标变量，φ表示角向坐标变量，α表示锥透镜的锥角参数，n表示锥透镜的折射率，D表示添加在相位掩模版上的闪耀光栅的周期，其作用是使正 1 级光束与 0 级光束分离，从而得到所需的嫁接涡旋光场。嫁接涡旋光场的相位掩模版的产生过程如图 8-2（a）～（e）所示。

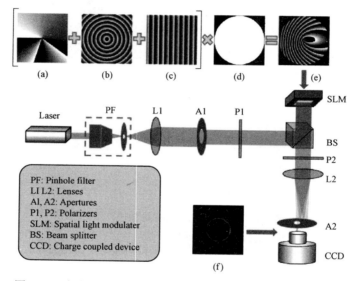

图 8-2　生成嫁接涡旋光场的相位掩模版的原理图和实验装置

（a）嫁接螺旋相位；（b）锥透镜相位；（c）闪耀光栅；（d）圆形光阑；（e）写入空间
光调制器的相位掩模版；（f）CCD 相机记录的嫁接涡旋光场的光强分布

Fig.8-2　Schematic of the phase mask for generating the grafted vortex
light field and the experimental setup

（a）grafted spiral phase；（b）axicon phase；（c）blazed grating；（d）circular aperture；
（e）phase mask written into the SLM；（f）intensity recorded by the CCD camera

实验装置示意图如图 8-2 所示。一束激光经过针孔滤波器 PF 和透镜 L1后转变为一束近似平面波。通过反射式液晶空间光调制器（HOLOEYE，PLUTO，像素大小：8 μm×8 μm）中输入的相位掩模版对产生的平面波进行调制。此外，在空间光调制器之前的偏振器 P1 用来调节产生线偏振光束，P2用来消除未受空间光调制器调制的光束。然后，调制后的光束通过一个凸透

镜（L2，f=200 mm），实现傅里叶变换。最后，在凸透镜 L2 的焦平面上生成
嫁接涡旋光场。CCD 相机（Basler acA1600−60gc，像素大小：4.5 μm×4.5 μm）
放置在透镜 L2 的焦点处用来记录嫁接涡旋光场的光强分布。

8.2　嫁接涡旋光场的轨道角动量调控特性

接下来，本章将通过将嫁接涡旋光场与传统的涡旋光场进行对比来分析
嫁接涡旋光场的轨道角动量调控特性。如图 8−3（b1）～（b5）和（d1）～
（d5）展示了等效拓扑荷值分别为 4 和 3.5 的嫁接涡旋光场的光强、相位和轨
道角动量密度分布。为了更好地将传统涡旋光场与嫁接涡旋光场进行对比，
在图 8−3（a1）～（a5）和（c1）～（c5）中展示了拓扑荷值分别为 4 和 3.5
的传统涡旋光场。对于嫁接涡旋光场，由于透镜的聚焦特性，物平面上"接
穗"和"根茎"的光强的位置发生了交换。也就是说，光环的上半环对应的
拓扑荷值为 m_2，下半环对应的拓扑荷值为 m_1。图 8−3 的第一行所示为利用
图 8−2 所示的实验装置产生的嫁接涡旋光场的光强图，第二行所示为数值模
拟的嫁接涡旋光场的光强图。实验结果与理论结果吻合较好，表明"接穗"
与"根茎"两部分的光强半环较好地嫁接在一起。

与传统的涡旋光场相似的是，具有半整数等的嫁接涡旋光场在光环的右
侧也有一个缺口。通过计算相同拓扑荷值下嫁接涡旋光场和传统的涡旋光场
的光强模式的相关性，可以确定嫁接涡旋光场和传统涡旋光场的光强分布高
度相似，因为它们之间的相关系数 R 都大于 0.95。但在连接点处，嫁接涡旋
光场的光强存在一定的波动，如图 3（a3）～（d3）所示，其中理论模拟的光
强分布的波动尤为明显。这是因为由于角向能流和径向能流的共同作用，涡
旋光场的光强相对于螺旋相位产生了一定的旋转，因此"接穗"和"根茎"
之间的光强存在一定的干涉[113,177]。为了描述这种光强波动，本章计算了连接
点处（Q1，Q3，Q4）的局部极值和平滑光强位置（Q2，Q5）之间的光强比
例。结果表明，它们之间的光强比例均大于 70%，大于最大光强的 1/（e^2）。
因此，嫁接涡旋光场的光强分布可以被近似认为是平滑分布的。

为了验证实验产生的嫁接涡旋光场的质量，本章计算了实验产生的嫁接
涡旋光场的模式纯度 ε。实验上，可以通过对实验光强分布和理论光强分布进
行拟合，进而得到其相关系数来估算嫁接涡旋光场的模式纯度[85,180]。如图 8−3

（a1）～（d1）所示为嫁接涡旋光场的模式纯度 ε 的值。结果表明，嫁接涡旋光场和传统的涡旋光场的模式纯度 ε 的值均大于 0.94，说明嫁接涡旋光场在嫁接过程中仍能保持较高的光束质量。

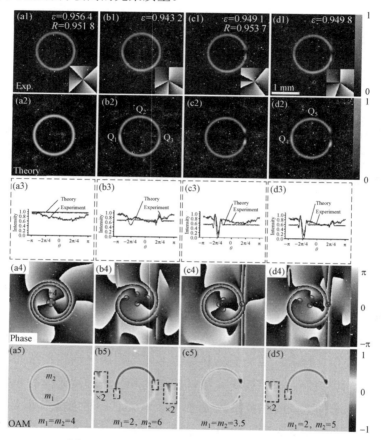

图 8-3　嫁接涡旋光场与传统涡旋光场的对比

（a1）～（d1）实验光强分布；（a2）～（d2）理论光强分布；（a3）～（d3）试验和
理论光强环的剖面；（a4）～（d4）相位分布；（a5）～（d5）轨道角动量分布
［（a1）～（d1）中的子图是物平面上的嫁接涡旋光场的螺旋相位。灰色圆圈表示
正拓扑荷值的位置。所有的结果（除了初始螺旋相位）都在空间
光调制器的傅里叶平面上，例如远场）］

Fig.8-3　Comparison of grafted vortex light field with the conventional vortex light field

（a1）～（d1）Experimental intensity patterns；（a2）～（d2）theoretical intensity patterns；
（a3）～（d3）profiles on the experimental and theoretical intensity rings；（a4）～（d4）phase
patterns and（a5）～（d5）orbital angular momentum distributions. [Insets in（a1）～（d1）
are the initial spiral phase in the object plane. Grey circles indicate the positions of the
positive topological charges. All results（except the initial spiral phases）are in the
Fourier plane of the SLM（i.e., far field）]

图 8-3（a4）～（d4）分别展示了嫁接涡旋光场和传统涡旋光场的相位分布图，图中灰色的圆圈标记的为正相位奇点，图 8-3（a1）～（d1）中子图所示为相应的物平面内的初始螺旋相位。如图 8-3（b4）所示，对于具有整数阶等效拓扑荷值的嫁接涡旋光场，其相位分布图中相位奇点的数量为 4，与 $M=(m_1+m_2)/2=(2+6)/2=4$ 的结果一致。与图 8-3（a4）所示的传统的涡旋光场的四个相位奇点聚集在相位的中心区域不同，嫁接涡旋光场的相位奇点为四个分离的相位奇点。如图 8-3（d4）所示，当等效拓扑荷值为半整数时，嫁接涡旋光场的一个相位奇点将位于的光环的缺口处。这种现象与分数阶传统涡旋光场是一样的。其原因是，当等效拓扑荷值等于半整数时，在物平面上的初始螺旋相位产生了一个分数阶相位阶跃，如图 8-3（d1）子图所示。此外，嫁接涡旋光场的相位奇点分布向拓扑荷值较大的"根茎"所在的一侧移动，如图 8-3（b4）和（d4）所示。

图 8-3（a5）～（d5）所示分布为嫁接涡旋光场和传统涡旋光场的相应的数值模拟的轨道角动量分布。这里的轨道角动量采用参考文献[8，166]的方法进行数值计算。对于整数拓扑荷值，传统的涡旋光场的轨道角动量沿方位角方向均匀分布。这不同于嫁接涡旋光场的轨道角动量环，它被明显地分成两个半环，其中具有较大拓扑荷值的涡旋光场导致较大的轨道角动量。如图 8-3（b5）中的 2 个放大插图所示，在连接点处较大的轨道角动量迅速减少并逐渐向较低的轨道角动量转移。对于半整数拓扑荷值，这个规则仍然适用，如图 8-3（c5）和（d5）所示。

现在，本章可以总结一下嫁接涡旋光场的主要特性：当轨道角动量具有非均匀的分布时，光强分布保持恒定，轨道角动量的大小可以由嫁接涡旋光场的嫁接拓扑荷值的大小控制。这一特性可以为微粒操纵提供更多的自由度。从力场的角度来看，光强和轨道角动量可以为被捕获的微粒提供恒定的梯度力和可控的角向扳手力。接下来几节的重点是确定嫁接涡旋光场的局部轨道角动量的调制特性。

接下来，本章将考虑等效拓扑荷值为常数（$M=3$），但是具有不同的嫁接拓扑荷值 m_1 和 m_2 的嫁接涡旋光场的轨道角动量分布调控。图 8-4（a1）～（d1）所示为实验产生的嫁接涡旋光场的光强分布，图 8-4（a2）～（d2）所示为相应的数值模拟的轨道角动量分布。可以发现，产生的具有不同嫁接拓扑荷值 m_1 和 m_2 的嫁接涡旋光场的光强分布仍然保持不变。通过将图 8-4（a1）～

（d1）中的嫁接涡旋光场与图 8-4（a1）中的嫁接涡旋光场之间进行相关，计算得到嫁接涡旋光场光强模式具有很高的的相关性，相关系数 $R>0.92$。此外，它们之间的相关系数 R 的数值随 m_1-m_2 的绝对值的增大而减小。因此，可以认为在这一嫁接的过程中，该嫁接涡旋光场的光强分布保持不变。此外，如图8-4（a2）和（b2）所示，环上的轨道角动量均为正值，且具有不同的量级。

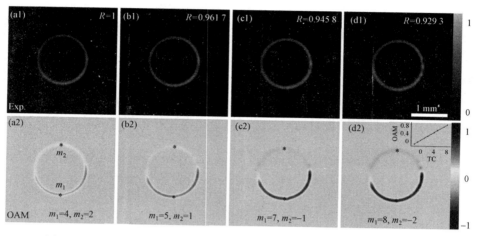

图 8-4　等效拓扑荷值 $M=3$ 时，不同嫁接拓扑荷值对 m_1 和 m_2 的影响不同
（a1）～（d1）实验光强分布；（a2）～（d2）数值模拟轨道角动量分布
Fig.8-4　Intensity and orbital angular momentum distribution of grafted vortex light field with constant equivalent topological charges（$M=3$）but different grafted topological charges for m_1 and m_2
（a1）～（d1）Experimental intensity patterns；（a2）～（d2）numerical simulation orbital angular momentum distributions

　　众所周知，光场的轨道角动量是一个矢量。通过改变嫁接拓扑荷值 m_1 和 m_2 的值，可以很容易地调控光环上局部轨道角动量的大小，但其上半部分与下半部分的轨道角动量的符号相同。如果嫁接拓扑荷值 m_1 和 m_2 有不同的符号，则可以同时调控光环上局部轨道角动量的大小和方向。图 8-4（c2）和（d2）展示了轨道角动量的大小和方向的联合调控。光强模式仍然保持着高度的相关性。从上述的分析可以知道，当嫁接拓扑荷值 m_1 和 m_2 具有相同的符号时，其连接点处的轨道角动量分布呈现一个由大到小的连续分布。然而与之不同的是，当两个嫁接拓扑荷值 m_1 和 m_2 的值分别为正值和负值时，其环上轨道角动量首先减小到零，再反方向增大。通过对"*"标记的数据进行拟合，轨道角动量对嫁接拓扑荷值的依赖关系是线性的，如图 8-4（d2）的子图所示。结果验证了

该嫁接涡旋光场的局部轨道角动量的大小和方向的灵活调控，有望在微粒操纵领域实现微粒在光环上的加速运动和减速运动以及相对运动。

为了进一步定量分析嫁接涡旋光场的性质，图 8-5 中所示的曲线图为图 8-4 中的光强和轨道角动量环的中心轮廓。其中 8-5（a）为理论模拟的嫁接涡旋光场的光强分布曲线图，8-5（b）为实验产生的嫁接涡旋光场的光强分布曲线图，8-5（c）为嫁接涡旋光场的轨道角动量环的中心剖面曲线图。对于理论模拟的光强分布曲线，在每个光强剖面曲线上的两个连接点处都有一个波谷和一个波峰。其原因是发生了由于涡旋光场的旋转发生了干涉相消和干涉

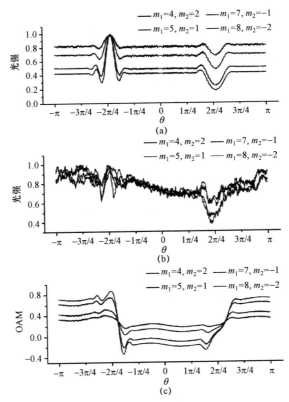

图 8-5　图 8-4 中嫁接涡旋光场光强和轨道角动量环的中心剖面图

（a）理论光强结果；（b）实验光强结果；（c）数值模拟轨道角动量结果

Fig.8-5　Center profiles of the grafted vortex light fields' intensity and orbital angular momentum rings of Fig.8-4, respectively

（a）Theoretical intensity results；（b）experimental intensity results；

（c）numerical simulation orbital angular momentum results

相长。波谷、波峰的大小与$|m_1-m_2|$的大小成正比。此外，由于实验中存在杂散光的干扰，除了一些波动外，实验结果与理论结果有相似的趋势。对于所有的轨道角动量分布，局部轨道角动量从一个阶段平稳过渡到另一个阶段，这是一个最优的候选方案，来实现自由调控涡旋光场光环上的局部轨道角动量分布。

如有必要，可根据需要获得更多模式分布的嫁接涡旋光场。图 8-6 分别展示了使用 3 个和 4 个传统涡旋光场的螺旋相位嫁接得到的嫁接涡旋光场的一些不同实例（即公式 8-1 中的 $N=3,4$）。与经两个传统涡旋光场的螺旋相位嫁接得到的嫁接涡旋光场相比，其轨道角动量分布具有更丰富的组合。然而，由于嫁接螺旋相位时存在相位阶跃，在光强和轨道角动量环上存在一定的缺口。为了消除这些差距，嫁接螺旋相位可以重新设计，例如可以结合任意曲线塑形技术。此外，当采用数值锥透镜的方法时，涡旋光场的半径仍然会随着拓扑荷值的增大而缓慢增大。当嫁接的拓扑荷值 m_1 和 m_2 之间差异较大时，会导致嫁接的质量较差。消除这种影响的有效方法是在嫁接前仔细调整锥透镜的锥角大小。如果嫁接拓扑荷值之间差异大于 20，应开发其他技术，以确保完美的嫁接。

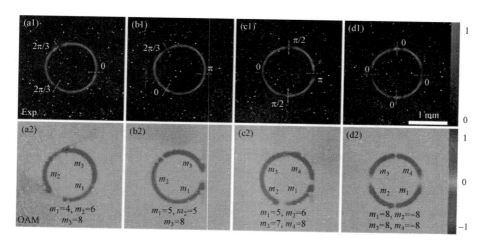

图 8-6 分别使用 3 个和 4 个传统涡旋光场的嫁接涡旋光场
（灰色数字表示连接点处的相位阶跃的大小）

Fig.8-6 grafted vortex light field using three and four optical vortex beams, respectively
(The grey numbers represent the phase jump at the connectors)

8.3　嫁接涡旋光场的应用

为了对嫁接涡旋光场的轨道角动量分布的调控特性进行实验验证，在图 8-2 所示的实验装置基础上进行改造并搭建了一台光镊实验装置，实验装置示意图如图 8-7 所示。其中，虚线框内所示为搭建的光镊的实验装置的实物图。

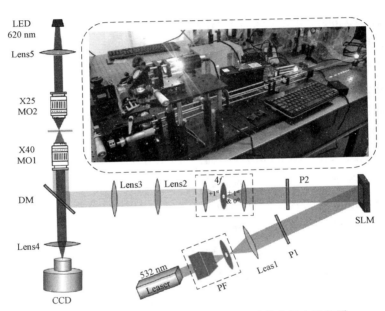

图 8-7　嫁接涡旋光场操纵聚苯乙烯微球的光镊实验装置
（虚线框内所示为实际的光镊实验装置）

PF——针孔滤波器；A——小孔光阑；P1 和 P2——偏振器；SLM——空间光调制器；

4f——4-f 系统；DM——二向色镜；MO1 和 MO2——显微镜物镜；CCD——电荷耦合器件

Fig.8-7　Experimental schematic of optical tweezers for manipulating polystyrene microspheres by the grafted vortex light field

the picture in the dotted box is the real experimental setup of the optical tweezers

PF, pinhole filter; A, aperture; P1 and P2, polarizers; SLM, spatial light modulator;

4f, 4-f system; DM, dichroic mirror; MO1 and MO2, microscope

objectives; CCD, charge coupled device

在此光镊装置中，激光光束来自一个激光功率可以连续调控的连续波固体激光器（波长 $\lambda=532$ nm，最大输出功率为 2 W，Laserwave Co. Ltd）。此外，4-f 系统之前的光路为嫁接涡旋光场的产生光路，这里不再重复说明。随后，嫁接涡旋光场产生于透镜 L2 的焦平面上（焦距 $f=100$ mm）。产生的嫁接涡旋光场通过透镜 L3 后，再通过一个双向色镜 DM 反射到显微物镜 MO1（放大倍数为 40 倍，数值孔径 NA=0.65）的入射光瞳。为了对被捕获区域进行照明，使用了一个 LED 光源（波长为 $\lambda=620\pm10$ nm）。LED 光源发出的光经过透镜 L5 和显微物镜 M02（放大倍数为 25 倍，数值孔径 NA=0.4）后照射在样品室中。本实验对悬浮在水溶液中的直径为 3 μm 的聚苯乙烯微球进行操纵。装置中的二向色镜 DM 的功能是反射激光器发出的 532 nm 的绿光，透射 LED 光源发出的 620 nm 的红光。操纵平面的图像通过二向色镜 DM 后滤除大部分的绿光，最终记录在 CCD 相机上。

接下来利用上述的光镊实验装置，通过微粒操纵实验来验证嫁接涡旋光场的轨道角动量分布的可控性。如图 3-8 所示，使用具有不同嫁接拓扑荷值的嫁接涡旋光场来操纵悬浮在蒸馏水溶液中的直径为 3 μm 的聚苯乙烯微球。在图 8-7 所示在的光镊实验装置中，捕获平面内的嫁接涡旋光场的激光功率为 30.58 mW。如图 8-8（a1）和（a2）所示分别为在自由空间内获得的嫁接涡旋光场，图 8-8（b1）～（f1）和（b2）～（f2）分别为经显微物镜 MO1 聚焦后在水溶液内的嫁接涡旋光场。由于液体环境的影响和在捕获平面的轻微失焦，嫁接涡旋光场的光强分布在空气和水溶液中看起来略有不同[38]。如图 8-8（b1）～（f1）所示，一个 3 μm 的聚苯乙烯微球被捕获在嫁接涡旋光场的光环上（嫁接拓扑荷值 $m_1=20$，$m_2=14$），微粒受到角向的光扳手力做逆时针旋转运动。通过计算，被捕获的聚苯乙烯微球在该嫁接涡旋光场的下半环旋转的平均速度为 5.131 μm/s，其在下半环的旋转平均速度高于在上半环的旋转平均速度 2.719 μm/s。被捕获的微粒在下半环具有更大的旋转速度是由于该嫁接涡旋光场的嫁接拓扑荷值 $m_1>m_2$，光环的下半环具有更大的局部轨道角动量密度，证明了该嫁接涡旋光场局部的轨道角动量的大小可灵活调控。此外，嫁接涡旋光场的光强分布保持不变，因此提供了一个稳定的捕获力。需要注意的是，由于布朗运动和外界环境的震动干扰，被捕获的聚苯乙烯微球在光环的上半部分和下半部分的瞬时旋转速度并不是均匀的[181]。由于该嫁接涡旋光场的上下两部分具有不同大小的能流分布，因此在光环的左侧出现了更亮的光强分布，此处较强的光强分布将导致局部较大的瞬时旋转速度。

为了进一步验证嫁接涡旋光场光环上局部轨道角动量的方向调控特性。图 8-8（b2）～（f2）展示了一个嫁接涡旋光场（嫁接拓扑荷值 $m_1=16$，$m_2=-16$）

对两个聚苯乙烯微球的同时捕获。由于该嫁接涡旋光场的上下两部分具有相反的能流方向，因此在他们的光强的右侧部分产生了一个干涉区域。首先，如图 8-8（b2）所示，两个微粒分别被该嫁接涡旋光场的上下半环所捕获。其中，被上半环捕获的聚苯乙烯微球沿着光环的顺时针方向转动，被下半环捕获的聚苯乙烯微球沿着光环的逆时针方向转动。由于这两个聚苯乙烯微球被上下半环捕获的位置并不是完全相同的，因此这两个聚苯乙烯微球之间的旋转运动也不是完全同步的。最终，两个被捕获的聚苯乙烯微球沿着光环做相对运动，直到它们在光环的右侧中心区域相遇并停止运动。实验验证了产生的嫁接涡旋光场的局部轨道角动量的方向是可控的，可以实现两个微粒在光环上的相对运动。对于嫁接涡旋光场的微粒操纵，通过嫁接拓扑荷值的多种多样的组合可以提供更多的选择。简而言之，微粒操纵实验表明，在保持光强不变的情况下，嫁接涡旋光场光环上局部轨道角动量的大小和方向是可控的，同时提供了足够的梯度力保证了稳定的捕获。

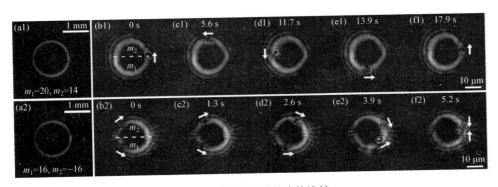

图 8-8　聚苯乙烯微球的旋转

（a1），（a2）光强的嫁接光学涡旋光束的焦平面上 L2；（b1）～（f1）直径为 3 μm
聚苯乙烯微球，旋转；（b2）～（f2）同步旋转的两个直径为 3 μm 聚苯乙烯微球

Fig.8-8　Rotation of the trapped polystyrene microspheres

（a1），（a2）Intensity of the grafted vortex light field on the focal plane of L2;

（b1）～（f1）rotation of a 3 μm-diameter polystyrene microsphere;

（b2）～（f2）simultaneous rotation of two 3 μm-diameter polystyrene microspheres

需要注意的是，由于光镊系统的不完善以及光镊实验中存在像差现象，导致光镊中的捕获光束质量下降。在这种情况下，一种灵活的基于空间光调制器的波前校正方法是降低像差和提高光束质量的良好选择[93]。

8.4　本章小结

由于涡旋光场携带有轨道角动量，可以提供一个角向的光扳手力，从而驱使被捕获的微粒旋转。因此，本章重点介绍了涡旋光场的轨道角动量分布和涡旋光场的轨道角动量分布的调控技术。针对传统涡旋光场的轨道角动量分布强烈依赖于光强分布的限制，本课题通过螺旋相位嫁接技术提出了一种切实可行的调控涡旋光场的轨道角动量分布的方法。这种方法是通过对两个或多个传统涡旋光场的局部螺旋相位进行嫁接，产生了一种光环上轨道角动量分布可以灵活调控的嫁接涡旋光场，同时该嫁接涡旋光场的光强分布保持不变。通过调控两个或多个嫁接的涡旋光场的拓扑荷值的大小和符号，可以自由调控光环上局部轨道角动量的大小和方向。对聚苯乙烯微球的光操纵实验证明了，这种螺旋相位的嫁接方法在光环上提供了一个可控的局部切向力，可以实现光镊中捕获的微粒的加速、减速和反向运动。该方法的提出突破了传统涡旋光场难以实现光强与轨道角动量之间的独立调控的难题，并且该方法具有思路简单和容易操作的优点。这将进一步扩展涡旋光场在复杂微粒操纵等领域的应用前景。

第9章

完美涡旋光场的展望

　　光场的生成、调控、表征及应用是近年来光学领域的一大研究热点。完美涡旋光场作为近年来提出的一种新型结构光场，由于其克服了传统光学涡旋半径与拓扑荷值之间的依赖关系，使得光束半径可以独立于拓扑荷值调控，进而解决了微粒操纵中光扳手力的定制、光通信领域多涡旋态的光纤耦合等问题，因此引起了研究者们的广泛关注。本书紧追这一国际前沿研究热点，针对完美涡旋光场的生成、调控、表征及其在微操纵领域的应用进行了系统而全面的研究。

　　关于完美涡旋光场的生成，本书提出了完美涡旋光场实验生成的统一原理，即理想情况下的完美涡旋无法生成，在实验中完美涡旋的生成思想是根据实际需要，使用其他函数近似代替理想情况下的 δ 函数，从而得到近似的完美涡旋光束。从生成方法来说，完美涡旋主要分为近场完美涡旋的生成与远场完美涡旋的生成。近场完美涡旋主要使用矩形函数近似，生成方法简单，传输效果也比较好，但是其生成技术伴随极大的能量损失，能量利用率低，很多应用场合难以适用。远场完美涡旋生成方法主要使用环形高斯分布近似，由于完美涡旋生成于掩模版傅里叶面，因此其调控起来较为灵活，目前研究中多用该方法产生完美涡旋光束。

　　关于完美涡旋光场的表征，本书主要针对远场完美涡旋仅存在于傅里叶面难以测量其拓扑荷值的难题，结合单光路干涉技术，调控掩模版±1产生的相互共轭的完美涡旋光束相干涉，进而提出了一种完美涡旋原位测量技术。该技术拓扑荷值为干涉条纹数的1/2，计算较为简单；由于干涉光束经过相同的光学元件，因此消除了环境扰动等影响，具有干涉条纹稳定的优点。

关于完美涡旋光场的调控，本书提出了单完美涡旋的非对称调控及多完美涡旋的联合调控技术。进而得到了椭圆完美涡旋、镜像对称完美涡旋、环形及椭圆环形光学涡旋阵列、密堆积完美涡旋格子阵列等新型光场。其中，椭圆完美涡旋及镜像对称完美涡旋极大的丰富了完美涡旋模式分布，为完美涡旋的工程应用提供更为灵活可控的光场分布；环形及椭圆环形光学涡旋阵列实现了子涡旋数量及符号、子涡旋位置、子涡旋环数等多参数可调，在复杂光操纵、玻色爱因斯坦凝聚、量子存储等领域具有潜在应用价值；密堆积完美涡旋格子实现了兼顾涡旋阵列的密堆积及阵列形状灵活可调两项指标，极大的丰富了完美涡旋阵列模式分布。

关于完美涡旋光场的应用，本书实现了完美涡旋及椭圆完美涡旋轨道角动量密度的数值模拟，发现椭圆完美涡旋实现了光环上轨道角动量的渐变。此外，针对镜像对称完美涡旋梯度力及力矩、轨道角动量等多种力场进行模拟分析，并进一步实现了其对酵母菌细胞的微操纵技术，通过拖拽测试精确测量了其捕获力大小。种种实验结果表明，镜像对称完美涡旋可以实现单光束光镊捕获范围的扩大，并且其在特定方向的捕获力远大于同实验条件下的高斯光束捕获力。

光场的相位调控作为激光领域一大研究热点，近年来对其研究也是方兴未艾。下面对该研究的展望进行论述：

在宏观上，光场相位调控从实验手段上来说是对光场相位梯度与相位不连续（对光束来说分为相位阶跃与奇点分布）的调控，针对相位梯度与奇点分布的调控手段已被广泛研究，然而相位阶跃的独立调控手段还鲜有报道。另一方面，相位阶跃对光场影响显著，最突出的代表是分数阶涡旋光束的研究中已证明相位阶跃是造成光束缺口的原因。因此，目前相位阶跃的独立调控技术在行业中显得尤为迫切，有待未来进一步的深入研究。

此外，在一些极端条件下，例如飞秒、高能等，光场往往展现出一些新颖的物理效应及现象，例如非线性效应、三维时空涡旋。这些新颖的物理效应及现象将会进一步诱导相应的工程应用领域。因此，关于高能、飞秒等极端条件下的光场相位调控有待进一步的研究。

在光场调控领域，非对称涡旋光场作为一种新型的结构光场，其具有丰富的模式分布和更高的调控自由度，克服了传统涡旋光场模式分布过于单一的难题。从而实现了复杂微粒操纵总光扳手力的灵活调控。因此，获得更多的空间模式分布丰富、能满足多种应用、可自由调控的新型非对称涡旋光场成为当前一大研究热点。基于这一国际研究热点，本课题针对三种非对称涡旋光场的产生与调控进行了全面的研究。

（1）在对非对称涡旋光场的轨道角动量调控上，本课题基于相位嫁接技术产生了一种新型非对称涡旋光场，即嫁接涡旋光场。由于传统涡旋光场的光环半径随拓扑荷值的增大而增大，因此使用了一个狄拉克函数 δ 来实现光强部分的完美嫁接。此外，本书实现了嫁接涡旋光场的轨道角动量分布的数值模拟。与传统的涡旋光场相比，其光环上具有非对称的轨道角动量分布，同时该嫁接涡旋光场的光强保持恒定。通过调控嫁接拓扑荷值的大小和符号从而实现该嫁接涡旋光场光环上局部的轨道角动量的大小和方向的独立调控。此外，本课题进一步实现了嫁接涡旋光场对聚苯乙烯微球的微操纵技术。实验结果表明，嫁接涡旋光场可以实现被捕获的微粒在光环上的加速，减速及相对运动，并且保持足够的捕获力防止粒子逃逸。该技术为光镊中的微粒捕获与旋转应用提供了一种模式更加丰富，调控自由度更高的非对称涡旋光场。

（2）对于传统的非对称涡旋光场，其轨道角动量分布都是连续分布的。然而在一些特殊应用中，例如分离细胞簇的应用中需要一种分离的非对称涡旋光场。因此，本课题通过对四个传统涡旋光场的螺旋相位进行重建产生了一种中心对称涡旋光场。该中心对称涡旋光场的光强和轨道角动量分布都遵循中心对称分布。通过调控其相位重建因子的大小可以调控光环左右两侧光瓣处的梯度力大小和分布。此外，该中心对称涡旋光场的光环半径可以通过调控锥透镜的锥角大小来进行灵活调控。该技术的提出更丰富的光力组合，可以被应用于光学微操纵尤其是细胞簇分离。

（3）光学涡旋阵列携带有多个光学涡旋，因此在光学测量，原子冷却等领域具有重要的应用前景。然而，这些光学涡旋阵列上的光学涡旋的分布和符号从未被自由调控。本课题基于两束嫁接涡旋光场同轴叠加产生了一种反常环形连接的光学涡旋阵列。其阵列上的光学涡旋的分布和符号可以独立调控并且阵列上光学涡旋的总数保持不变。此外，正负光学涡旋可以同时存在与同一个阵列上，通过添加一个初始相位差可以实现阵列的旋转。这项工作加深了对连接型光学涡旋阵列的理解，促进了其在微粒操纵和光学测量等领域的潜在应用。

涡旋光场作为光场调控领域的一个重要研究热点，其中对于涡旋光场的轨道角动量的自由调控技术的研究具有重要的科学意义。传统对轨道角动量的调控方法本质上都是通过调控光强来实现，其轨道角动量分布强烈依赖于光强分布，极大限制了其在复杂、精细化微粒操纵中的应用。因此，涡旋光场的轨道角动量分布的独立调控技术在行业中是一个非常紧要的问题。关于该问题，本课题也做了一定的前期探索，提出了一种嫁接涡旋光场，在不改变光强分布的同时实现了光环上局部的轨道角动量的独立调控。此外，对于涡旋光场光环上局部轨道角动量分布进行连续调控还有待进一步研究。

完美涡旋及涡旋光场领域的
10 个相关发明专利

附录 1 一种分数阶完美涡旋光束的产生装置及产生方法

发明名称：一种分数阶完美涡旋光束的产生装置及产生方法

发明专利号：ZL 201510995183.X

发明人：李新忠等

技术领域

本发明涉及微粒光操纵和光学测试领域，具体地说是一种分数阶完美涡旋光束的产生装置及产生方法。

背景技术

涡旋光束在光学诱捕、操纵微小粒子等方面有着广泛的应用。成为近年来信息光学领域一个非常重要的研究热点。2004 年，M. V. Berry 首次系统、全面地阐述了分数阶光学涡旋的理论基础【J Opt a – Pure Appl Op，2004，62：259】；随后，分数阶涡旋光束得到了实验验证【New J Phys，2004，61：71】。分数阶涡旋光束可携带更多信息量且能提供更精细化的微粒操作，成为涡旋光学领域众多研究者竞相研究的热点课题。

目前产生涡旋光束的方法很多，主要有模式变换法、螺旋相位板法及基于空间光调制器的计算全息法等。这些方法产生的涡旋光束亮环半径随拓扑荷值的增大而增加，这种特性使得涡旋光束很难大规模耦合到同一根光纤中。2013 年，Andrey S. Ostrovsky 等人提出了完美涡旋的概念，该涡旋光束亮环半径不依赖于拓扑荷值【Opt. Lett. 38，534 2013】，但该方法伴随完美涡旋光束均会产生额外的杂散光环。2015 年，Pravin Vaity 等通过对贝塞尔－高斯光束做傅里叶变换，从而获得无额外光环的整数阶完美涡旋【Opt. Lett.，40，5972015】。最近，发明专利"产生完美涡旋阵列的二维编码相位光栅"（公开号为 104808272A，公开日为 2015.07.29），介绍了一种产生完美涡旋的二维编码相位光栅，通过该二维编码相位光栅的调制，在其傅立叶变换面上可以同时产生多个携带不同拓扑荷值的完美涡旋阵列。但是上述所有方案所产生的涡旋光束均为整数阶完美涡旋，而如何产生分数阶完美涡旋光束是该领域面临的一个亟待解决的难题。

发明内容

本发明目的是为解决上述技术问题的不足，提供一种分数阶完美涡旋光束的产生装置及产生方法，能够实现参数可实时在线自由调控的分数阶完美涡旋光束。

本发明为解决上述技术问题所采用的技术方案是：

一种分数阶完美涡旋光束产生装置，包括一连续波激光器；所述连续波激光器发出光束的前进方向设有反射镜，经反射镜反射后的光束前进方向依次设有针孔滤波器、凸透镜 I、起偏器和分束立方体；经分束立方体后的光束分为两束，其中一束为反射光，一束为透射光；在反射光前进方向上设有反射式空间光调制器，经反射式空间光调制器反射后产生的光束经过经分束立方体后，其前进方向上依次设有检偏器、小孔光阑、凸透镜 II 和 CCD 相机。

所述的反射式空间光调制器、CCD 相机分别与计算机连接；所述的针孔滤波器与凸透镜 I 间的距离为凸透镜 I 的焦距；所述的反射式空间光调制器置于凸透镜 II 的前焦平面上；所述的 CCD 相机置于凸透镜 II 的后焦平面上。

利用所述分数阶完美涡旋光束产生装置产生分数阶完美涡旋光束的方法，包括以下步骤：

步骤一、利用计算机生成含有锥透镜透过率函数和分数阶涡旋光束与平面波干涉的光强图；具体过程如下：

平面波的电场表示为：

$$E_p = E_0 \exp(-ikz)$$

其中，E_0 表示振幅强度，k 表示波数，z 表示传播距离。

垂直入射到锥透镜上的涡旋光束的电场表示为：

$$E_0(r,\varphi) = A_0 \left(\frac{r}{w_0}\right)^m \times \exp\left(\frac{-r^2}{w_0^2}\right) \times \exp(jm\varphi)$$

其中，A_0 为振幅常数；w_0 为束腰半径；m 为拓扑荷值，取分数；j 为虚数单位。

锥透镜的复振幅透过率函数为：

$$t(r) = \begin{cases} \exp[-jk(n-1)r\alpha], & (r \leqslant R) \\ 0, & (r > R) \end{cases}$$

式中，n 为锥透镜材料折射率，α 为锥透镜的锥角，即锥透镜锥面与底平面的夹角；k 为波数，R 为锥透镜光瞳半径。

涡旋光束经过锥透镜后与平面波干涉的复振幅分布为：

$$E_1 = E_0(r,\varphi) * t(r) + E_p$$

步骤二、结合计算全息技术，利用计算机将复振幅 E_1 的光强图写入反射式空间光调制器。

步骤三、打开连续波激光器电源，连续波激光器发出的光束被反射镜反射后，进入针孔滤波器、然后经凸透镜 I 准直，准直后的光束经起偏器后变为线偏振光，照射在分束立方体上；经分束立方体后的光束被分为两束，一路为反射光，一路为透射光；所述的反射光束照射在反射式空间光调制器上。

步骤四、照射在反射式空间光调制器上的光束用来衍射再现分数阶贝塞尔-高斯光束；衍射再现的贝塞尔-高斯光束经过分束立方体、检偏器及小孔光阑后，照射在凸透镜 II 上进行傅里叶变换生成分数阶完美涡旋光束。

步骤五、所述的分数阶完美涡旋光束在 CCD 相机中成像后，图像进入计算机进行后续分析。

步骤六、根据计算机分析结果，所产生的完美涡旋光束亮环半径不随分数阶拓扑荷值 m 的改变而改变；通过调节步骤一中锥透镜材料折射率 n 或锥

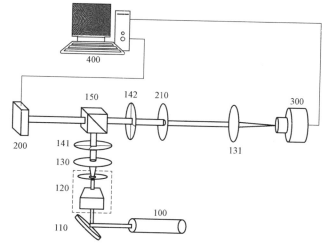

角 α 的数值，可以调节分数阶完美涡旋光束亮环半径。

有益效果：与现有技术相比，本发明分数阶完美涡旋光束产生装置和方法能够实现参数可实时在线自由调控的分数阶完美涡旋光束；本发明装置具有原理简洁、成本低廉、参数可实时在线调节、易于操作的优点；可广泛应用于微粒光操纵、光学测试等领域。

附图说明

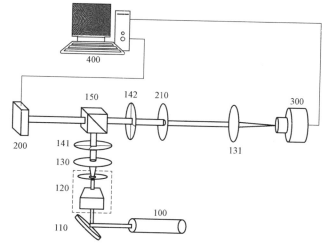

图 1   本发明分数阶完美涡旋光束产生装置的装置原理图

100—激光器；110—反射镜；120—针孔滤波器；130—凸透镜 I；131—凸透镜 II；
141—起偏器；142—检偏器；150—分束立方体；200—反射式空间光调制器；
210—小孔光阑；300—CCD 相机；400—计算机

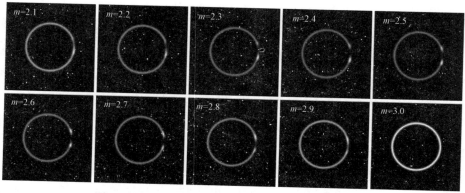

图 2   计算机记录的一组分数阶完美涡旋光束强度图

具体实施方式

如图 1 所示，一种分数阶完美涡旋光束产生装置，包括一连续波激光器 100；所述连续波激光器 100 发出光束的前进方向设有反射镜 110，经反射镜 110 反射后的光束前进方向依次设有针孔滤波器 120、凸透镜 I130、起偏器 141 和分束立方体 150；经分束立方体 150 后的光束分为两束，其中一束为反射光，一束为透射光；在反射光前进方向上设有反射式空间光调制器 200，经反射式空间光调制器 200 反射后产生的光束经过经分束立方体 150 后，其前进方向上依次设有检偏器 142、小孔光阑 210、凸透镜 II131 和 CCD 相机 300。

所述的反射式空间光调制器 200、CCD 相机 300 分别与计算机 400 连接；所述的针孔滤波器 120 与凸透镜 I130 间的距离为凸透镜 I130 的焦距；所述的反射式空间光调制器 200 置于凸透镜 II131 的前焦平面上；所述的 CCD 相机 300 置于凸透镜 II131 的后焦平面上。

利用所述分数阶完美涡旋光束产生装置产生分数阶完美涡旋光束的方法，包括以下步骤：

步骤一、利用计算机 400 生成含有锥透镜透过率函数和分数阶涡旋光束与平面波干涉的光强图；具体过程如下：

平面波的电场表示为：

$$E_p = E_0 \exp(-ikz)$$

其中，E_0 表示振幅强度，k 表示波数，z 表示传播距离。

垂直入射到锥透镜上的涡旋光束的电场表示为：

$$E_0(r,\varphi) = A_0 \left(\frac{r}{w_0} \right)^m \times \exp\left(\frac{-r^2}{w_0^2} \right) \times \exp(jm\varphi)$$

其中，A_0 为振幅常数；w_0 为束腰半径；m 为拓扑荷值，取分数；j 为虚数单位。

锥透镜的复振幅透过率函数为：

$$t(r) = \begin{cases} \exp[-jk(n-1)r\alpha], & (r \leqslant R) \\ 0, & (r > R) \end{cases}$$

式中，n 为锥透镜材料折射率，α 为锥透镜的锥角，即锥透镜锥面与底平面的夹角；k 为波数，R 为锥透镜光瞳半径；

涡旋光束经过锥透镜后与平面波干涉的复振幅分布为：

$$E_1 = E_0(r,\varphi) * t(r) + E_p$$

步骤二、结合计算全息技术，利用计算机 400 将复振幅 E_1 的光强图写入反射式空间光调制器 200。

步骤三、打开连续波激光器 100 电源，连续波激光器 100 发出的光束被反射镜 110 反射后，进入针孔滤波器 120、然后经凸透镜 I130 准直，准直后的光束经起偏器 141 后变为线偏振光，照射在分束立方体 150 上；经分束立方体 150 后的光束被分为两束，一路为反射光，一路为透射光；所述的反射光束照射在反射式空间光调制器 200 上。

步骤四、照射在反射式空间光调制器 200 上的光束用来衍射再现分数阶贝塞尔－高斯光束；衍射再现的贝塞尔－高斯光束经过分束立方体 150、检偏器 142 和小孔光阑 210 后，照射在凸透镜 II131 上进行傅里叶变换生成分数阶完美涡旋光束。

步骤五、所述的分数阶完美涡旋光束在 CCD 相机中成像后，图像进入计算机 400 进行后续分析。

步骤六、根据计算机分析结果，所产生的完美涡旋光束亮环半径不随分数阶拓扑荷值 m 的改变而改变；通过调节步骤一中锥透镜材料折射率 n 或锥角 α 的数值，可以调节分数阶完美涡旋光束亮环半径。

实施例

如附图 1 所示，一种分数阶完美涡旋光束的产生装置，包括一连续波激光器 100，该实施例中连续波激光器 100 选择波长为 632.8 nm，功率为 3 mW 的 He－Ne 激光器；该连续波激光器 100 发出的光束被反射镜 110 反射后进入空间滤波器 120，然后经凸透镜 I 130 准直，准直后的光束经起偏器 141 后变为线偏振光，照射在分束立方体 150 上；经分束立方体 150 后，反射光照射在反射式空间光调制器 200 上。

经分束立方体 150 后的光束被分为两束，一路为反射光，一路为透射光；反射光照射在反射式空间光调制器 200 上，经反射式空间光调制器 200 反射后产生分数阶贝塞尔－高斯光束，分数阶贝塞尔－高斯光束经过分束立方体

150、检偏器 142 后照射在小孔光阑 210 上，经过小孔光阑 210 后的分数阶贝塞尔 – 高斯光束经凸透镜 II 131 傅里叶变换产生分数阶完美涡旋光束，分数阶完美涡旋光束在 CCD 相机 300 中成像；后存储进计算机 400 进行分析。

所述的空间滤波器 120 与凸透镜 I 130 间的距离为凸透镜 I 130 的焦距；所述的反射式空间光调制器 200 置于凸透镜 II 131 的前焦平面上；所述的 CCD 相机 300 置于凸透镜 II 131 的后焦平面上；所述的反射式空间光调制器 200、CCD 相机 300 分别与计算机 400 相连。

所述的反射式空间光调制器 200 的作用是产生分数阶贝塞尔 – 高斯光束；所述的起偏器 141 和检偏器 142 用于调节涡旋光束的光束质量；所述的小孔光阑 210 的作用是选择反射式空间光调制器 200 衍射光场的一级衍射光束；所述的凸透镜 II 131 的作用是对分数阶贝塞尔 – 高斯光束进行傅里叶变换。

一种分数阶完美涡旋光束的产生方法，具体步骤如下：

步骤一、通过利用计算机 400 产生锥透镜透过率函数和分数阶涡旋光束与平面波干涉的光强图，具体过程如下：

平面波的电场表示为：

$$E_p = E_0 \exp(-ikz)$$

其中，E_0 表示振幅强度，k 表示波数，z 表示传播距离。

垂直入射到锥透镜上的涡旋光束的电场表示为：

$$E_0(r,\varphi) = A_0 \left(\frac{r}{w_0}\right)^m \times \exp\left(\frac{-r^2}{w_0^2}\right) \times \exp(jm\varphi)$$

其中，A_0 为振幅常数；w_0 为束腰半径；m 为拓扑电荷数，取分数，j 为虚数单位。

锥透镜的复振幅振幅透过率为：

$$t(r) = \begin{cases} \exp[-jk(n-1)r\alpha], & (r \leqslant R) \\ 0, & (r > R) \end{cases}$$

式中，n 为锥透镜材料折射率，α 为锥透镜的锥角，即锥透镜锥面与底平面的夹角；k 为波数，R 为锥透镜光瞳半径。

涡旋光束经过锥透镜后与平面波干涉的复振幅分布为：

$$E_1 = E_0(r,\varphi) * t(r) + E_p$$

步骤二、结合计算全息技术，利用计算机 400 将复振幅 E_1 的光强图写入反射式空间光调制器 200。

步骤三、打开连续波激光器 100 电源，连续波激光器 100 发出的光束被全反镜 110 反射后，进入针孔滤波器 120、然后经凸透镜 I 130 准直，准直后的光束经起偏器 141 后变为线偏振光，照射在分束立方体 150 上；经分束立方体 150 后的光束被分为两束，一路为反射光，一路为透射光；所述的反射光束照射在反射式空间光调制器 200 上。

步骤四、照射在反射式空间光调制器 200 上的光束用来衍射再现分数阶贝塞尔-高斯光束；衍射再现的贝塞尔-高斯光束经过分束立方体 150、检偏器 142 与小孔光阑 210 后，照射在凸透镜 II 131 上进行傅里叶变换生成分数阶完美涡旋光束。

步骤五、所述的分数阶完美涡旋光束在 CCD 相机 300 中成像后，图像存入计算机 400 进行后续分析。

步骤六、图 2 为计算机记录的一组分数阶完美涡旋光束强度图，图中拓扑荷值 $m=2.1\sim3.0$，间隔为 0.1 阶；由图 2 中涡旋光束亮环缺口的变化可以看出，产生的分数阶完美涡旋光束非常理想；此外，通过调节步骤一中锥透镜材料折射率 n 或锥角 α 的数值，可以调节分数阶完美涡旋光束亮环半径。本发明装置和方法能产生分数阶完美涡旋光束，并且具有原理简洁、结构简单，可在线调控，易于操作的优点。

附录 2 一种完美 IG 涡旋光束的产生装置及产生方法

发明名称：一种完美 IG 涡旋光束的产生装置及产生方法

发明专利号：ZL 201610387015.7

发明人：李新忠等

技术领域

本发明涉及微粒光操纵和光学测试领域，具体地说是一种完美 IG 涡旋光束的产生装置及产生方法。

背景技术

涡旋光束在光学诱捕、操纵微小粒子等方面有着广泛的应用。成为近年来信息光学领域一个非常重要的研究热点。但是普通的涡旋光束中心暗斑的大小随着拓扑荷值的增加而增大。然而，在光学涡旋相关的俘获和操纵微粒的应用场合中，往往希望同时得到大的拓扑荷值与较小的中心暗斑。为了解决这个问题，2013 年，Andrey S. Ostrovsky 等人提出了完美涡旋的概念，该涡旋光束亮环半径不依赖于拓扑荷值【Opt. Lett. 38，534 2013】。但该方法伴随完美涡旋光束均会产生额外的杂散光环。2015 年，Pravin Vaity 等通过对贝塞尔－高斯光束做傅里叶变换，从而获得无额外光环的整数阶完美涡旋【Opt. Lett. 40，597 2015】。

另一方面，椭圆空心光束由于只要改变椭圆率即可改变光束的形状。因此，在微操控冷原子团簇等方面倍受关注。2004 年 Miguel A. Bandres 等人提出的 Ince－Gaussian（IG）涡旋光束【J. Opt. Soc. Am. A.21，873 2004】由于具有稳定的椭圆形光强分布，一直以来受到研究者们的关注。2006 年，J. B Bentley，J. A. Davis 等人通过液晶显示器在实验上生成了 IG 涡旋光束【Opt. Lett. 31，649 2006】。2011 年，Mike Woerdemann 等人，使用 IG 涡旋光束进行微粒的操纵【Applied Physics Letters. 98，111101 2011】。

综上所述，在涡旋光束研究领域中，尚缺少一种可用于微粒操纵的半径不随拓扑荷值变化的椭圆涡旋光束（即完美 IG 涡旋光束）的产生装置和产生方法。

发明内容

本发明所要解决的技术问题是提供一种完美 IG 涡旋光束的产生装置及产生方法，用于产生一种半径不随拓扑荷值变化的椭圆涡旋光束。

本发明为解决上述技术问题所采用的技术方案是：一种完美 IG 涡旋光束的产生装置，包括一连续波激光器（100），所述连续波激光器（100）发出的光束经反射镜（110）照射在准直扩束器（120）上，经准直扩束器（120）准直的光束依次穿过起偏器（140）、分束立方体（150），由分束立方体（150）

反射的光束照射在反射式空间光调制器（200）上，经反射式空间光调制器（200）反射的光束重新照射在分束立方体（150）上，并透过分束立方体（150）照射在小孔光阑（210）上，透过小孔光阑（210）的光束照射在检偏器（141）上，由检偏器（141）透射的光束经凸透镜（130）照射在 CCD 相机（300）上，所述的反射式空间光调制器（200）和 CCD 相机（300）均与计算机（400）连接，CCD 相机（300）捕捉到的光强图样传输到计算机（400）进行处理。

利用完美 IG 涡旋光束的产生装置产生完美涡旋光束的方法，包括以下步骤：

步骤一、结合计算全息原理，利用计算机（400）生成透过椭圆形锥透镜的 IG 涡旋光束与平面波干涉的光强图，具体过程如下：

平面波的电场表示为：

$$E_p = E_0 \exp(-\mathrm{i}kz)$$

其中，E_0 表示振幅强度；k 表示波数；z 表示传播距离。

垂直入射到椭圆形锥透镜上的高斯调制的 IG 涡旋光束的电场表示为：

$$E_0(r,\varphi) = A_0 \left(\frac{r}{w_0}\right)^m \times \exp\left(\frac{-r^2}{w_0^2}\right) \times (C_p^m(\mathrm{i}\xi,\varepsilon)C_p^m(\eta,\varepsilon) + S_p^m(\mathrm{i}\xi,\varepsilon)S_p^m(\eta,\varepsilon))$$

其中，A_0 为振幅常数；W_0 为束腰半径；i 为虚数单位；ξ 和 η 分别为椭圆坐标系的径向和角向椭圆变量；ε 表示椭圆坐标系的椭圆率；$C_p^m(\mathrm{i}\xi,\varepsilon)$ 和 $S_p^m(\mathrm{i}\xi,\varepsilon)$ 分别为偶次和奇次因斯多项式；m 是因斯多项式的级数，同时也等于拓扑荷值；p 为因斯多项式的阶数，m 和 p 始终具有相同的奇偶性。

椭圆形锥透镜的复振幅透过率函数为：

$$t(r) = \begin{cases} \exp[-\mathrm{j}k(n-1)\xi\alpha], & (r \leqslant R) \\ 0, & (r > R) \end{cases}$$

式中，n 为椭圆形锥透镜材料折射率，α 为椭圆形锥透镜的锥角，即椭圆形锥透镜锥面与底平面的夹角；k 为波数，R 为椭圆形锥透镜光瞳半径。

IG 涡旋光束经过椭圆形锥透镜后与平面波干涉的复振幅分布为：

$$E_1 = E_0(r,\varphi) * t(r) + E_p$$

步骤二、生成复振幅 E_1 的光强图作为全息图，并利用计算机（400）将其写入反射式空间光调制器（200）。

步骤三、打开连续波激光器（100）电源，连续波激光器（100）发出的光束被反射镜（110）反射后，进入准直扩束器（120）进行扩束准直，准直后的光束近似为平面波，并经过起偏器（140）后变为线偏振光，照射在分束立方体（150）上；经分束立方体（150）后的光束被分为两束，一束为反射光，一束为透射光；所述的反射光束照射在反射式空间光调制器（200）上。

步骤四、照射在反射式空间光调制器（200）上的光束用来衍射再现经椭圆形锥透镜调制的 IG 涡旋光束；衍射再现的光束经过分束立方体（150）后照射在小孔光阑（210）上，用以筛选出 +1 级衍射光束，之后通过检偏器（141）照射在凸透镜（130）上进行傅里叶变换生成完美 IG 涡旋光束。

步骤四中生成的完美 IG 涡旋光束在 CCD 相机（300）中成像后，图像进入计算机（400）进行后续分析；根据计算机（400）的分析结果，通过调节步骤一中 m 和 p 的数值，得到所需的完美 IG 涡旋光束。

本发明的有益效果是：与现有技术相比，本发明完美 IG 涡旋光束的产生装置和方法能够实现参数可实时在线自由调控的椭圆形完美涡旋光束，涡旋光束的半径可不随拓扑荷值变化；本发明装置具有原理简洁、成本低廉、参数可实时在线调节、易于操作的优点；可广泛应用于微粒光操纵、光学测试等领域。

附图说明

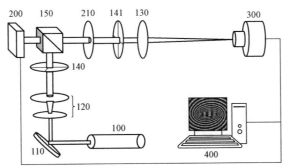

图 1　本发明完美 IG 涡旋光束产生装置的结构示意图

100—连续波激光器；110—反射镜；120—准直扩束器；130—凸透镜；140—起偏器；
141—检偏器；150—分束立方体；200—反射式空间光调制器；
210—小孔光阑；300—CCD 相机；400—计算机

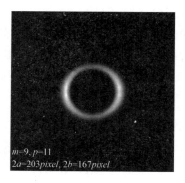

图 2　为 $m=7$，$p=11$ 时计算机记录的
完美 IG 涡旋光束的光强图

图 3　为 $m=9$，$p=11$ 时计算机记录的
完美 IG 涡旋光束的光强图

图 4　为 $m=11$，$p=11$ 时计算机记录的
完美 IG 涡旋光束的光强图

图 5　为 $m=10$，$p=14$ 时计算机记录的
完美 IG 涡旋光束的光强图

图 6　为 $m=12$，$p=14$ 时计算机记录的
完美 IG 涡旋光束的光强图

图 7　为 $m=14$，$p=14$ 时计算机记录的
完美 IG 涡旋光束的光强图

具体实施方式

一种完美 IG 涡旋光束的产生装置，包括一连续波激光器（100），所述连续波激光器（100）发出的光束经反射镜（110）照射在准直扩束器（120）上，经准直扩束器（120）准直的光束依次穿过起偏器（140）、分束立方体（150），由分束立方体（150）反射的光束照射在反射式空间光调制器（200）上，经反射式空间光调制器（200）反射的光束重新照射在分束立方体（150）上，并透过分束立方体（150）照射在小孔光阑（210）上，透过小孔光阑（210）的光束照射在检偏器（141）上，由检偏器（141）透射的光束经凸透镜（130）照射在 CCD 相机（300）上，所述的反射式空间光调制器（200）和 CCD 相机（300）均与计算机（400）连接，CCD 相机（300）捕捉到的光强图样传输到计算机（400）进行处理。

利用完美 IG 涡旋光束的产生装置产生完美涡旋光束的方法，包括以下步骤：

步骤一、结合计算全息原理，利用计算机（400）生成透过椭圆形锥透镜的 IG 涡旋光束与平面波干涉的光强图，具体过程如下：

平面波的电场表示为：

$$E_p = E_0 \exp(-\mathrm{i}kz)$$

其中，E_0 表示振幅强度；k 表示波数；z 表示传播距离。

垂直入射到椭圆形锥透镜上的高斯调制的 IG 涡旋光束的电场表示为：

$$E_0(r,\varphi) = A_0\left(\frac{r}{w_0}\right)^m \times \exp\left(\frac{-r^2}{w_0^2}\right) \times (C_p^m(\mathrm{i}\xi,\varepsilon)C_p^m(\eta,\varepsilon) + S_p^m(\mathrm{i}\xi,\varepsilon)S_p^m(\eta,\varepsilon))$$

其中，A_0 为振幅常数；W_0 为束腰半径；i 为虚数单位；ξ 和 η 分别为椭圆坐标系的径向和角向椭圆变量；ε 表示椭圆坐标系的椭圆率；$C_p^m(\mathrm{i}\xi,\varepsilon)$ 和 $S_p^m(\mathrm{i}\xi,\varepsilon)$ 分别为偶次和奇次因斯多项式；m 是因斯多项式的级数，同时也等于拓扑荷值；p 为因斯多项式的阶数，m 和 p 始终具有相同的奇偶性。

椭圆形锥透镜的复振幅透过率函数为：

$$t(r) = \begin{cases} \exp[-\mathrm{j}k(n-1)\xi\alpha], & (r \leq R) \\ 0, & (r > R) \end{cases}$$

式中，n 为椭圆形锥透镜材料折射率，α 为椭圆形锥透镜的锥角，即椭圆形锥透镜锥面与底平面的夹角；k 为波数，R 为椭圆形锥透镜光瞳半径。

IG 涡旋光束经过椭圆形锥透镜后与平面波干涉的复振幅分布为：

$$E_1 = E_0(r,\varphi)*t(r) + E_p$$

步骤二、生成复振幅 E_1 的光强图作为全息图，并利用计算机（400）将其写入反射式空间光调制器（200）。

步骤三、打开连续波激光器（100）电源，连续波激光器（100）发出的光束被反射镜（110）反射后，进入准直扩束器（120）进行扩束准直，准直后的光束近似为平面波，并经过起偏器（140）后变为线偏振光，照射在分束立方体（150）上；经分束立方体（150）后的光束被分为两束，一束为反射光，一束为透射光；所述的反射光束照射在反射式空间光调制器（200）上。

步骤四、照射在反射式空间光调制器（200）上的光束用来衍射再现经椭圆形锥透镜调制的 IG 涡旋光束；衍射再现的光束经过分束立方体（150）后照射在小孔光阑（210）上，用以筛选出 +1 级衍射光束，之后通过检偏器（141）照射在凸透镜（130）上进行傅里叶变换生成完美 IG 涡旋光束。

步骤四中生成的完美 IG 涡旋光束在 CCD 相机（300）中成像后，图像进入计算机（400）进行后续分析；根据计算机（400）的分析结果，通过调节步骤一中 m 和 p 的数值，得到光环大小不同的完美 IG 涡旋光束。

图 2～图 7 为计算机 400 记录的一组完美 IG 涡旋光束光强图，图 2、图 3、图 4 中径向指数 p 均取的是 11，拓扑荷值 $m=7$、9、11（IG 光束要求 m 和 p 具有相同的奇偶性）；图 5、图 6、图 7 中取的径向指数 p 为 14，拓扑荷值 $m=10$、12、14。图中 $2a$ 表示椭圆光环的长轴，$2b$ 表示短轴。由图可以看出，随着拓扑荷值 m 的变化，光环半径几乎不变，形成了椭圆形的完美涡旋。而且，光环长轴和短轴随着 IG 光束的径向指数 p 的增加而减小。因此，本发明产生的完美 IG 涡旋光束可以通过调节径向指数 p 来调节光环大小。

本发明装置和方法能产生完美 IG 涡旋光束，并且具有原理简洁、结构简单，可在线调控，易于操作的优点。

附录3　一种可自由调控的角向艾里
光束掩模版的设计方法

发明名称： 一种可自由调控的角向艾里光束掩模版的设计方法

发明专利号： ZL 201810292290. X

发明人： 李新忠等

技术领域

本发明涉及微粒光操纵领域，具体的说是一种主瓣空间位置和旁瓣数量可控的角向艾里光束掩模版的设计方法。

背景技术

艾里光束传输中具有无衍射、自愈、自聚焦等特性，在操控微粒、光子弹产生和合成自聚焦光束等领域有着广泛的应用，因此成为近年来结构光场领域一个非常重要的研究热点。

在量子力学领域，Berry 和 Balazs 于 1979 年提出了一个非常重要的预言：薛定谔方程具有一个遵循艾里函数的波包解。但是理论上的艾里光束具有无限的能量，因此无法在实验中产生。2007 年，Siviloglou 等发现被指数"截趾"的艾里函数仍然是薛定谔方程的解，从而首次在实验上产生了有限能量的艾里光束【Phys. Rev. Lett. 2007，213901】。从此，关于艾里光束的产生涌现了大量文献，Besieris 等在实验上产生了衰减因子调控的艾里光束，证明了衰减因子对艾里光束的非线性横向偏移特性的显著影响【Opt. lett. 2007，2447 – 2449】。2010 年，为了进一步拓宽艾里光束的应用，研究人员在理论上将涡旋光束与艾里光束结合，提出了一种涡旋艾里光束，并证明了在一个临界位置之前所提出的艾里涡旋光束会有一个相对于传统艾里光束的沿着抛物线轨迹两倍的速度【Opt. lett. 2010，4075 – 4077】。2015 年，Jiang 等提出了一种改良的圆形艾里光束，不同于其他自聚焦光束的使其最大光强可以移动至环上任意位置【Opt. Express，2015，29834 – 29841】。2016 年，Peng 等将艾里光束与因斯高斯光束相结合，理论上提出了艾里－因斯高斯光子弹，拓宽了艾里光束的应用领域【Opt. Express，2016，18973－18985】。然而，由于研究关注点不同，目前尚没有关于方位角向艾里光束的相关报道。对于一种新型光场来说，将其应用于各种坐标系统，拓展其空间模式分布对微粒操纵、微尺度光刻等领域具有重要的研究意义。因此，综上所述，在艾里光束研究领域中，尚缺少一种可用于微操纵的主瓣空间位置和旁瓣数量可控的角向艾里光束。

发明内容

为解决上述技术问题的不足，本发明提供一种可自由调控的角向艾里光束掩模版的设计方法，并使用该掩模版产生主瓣空间位置和旁瓣数量可自由调控的角向艾里光束；在微操纵领域具有非常重要的应用价值。

本发明所采用的技术方案是：一种可自由调控的角向艾里光束掩模版的设计方法，结合一个角向艾里光束的复振幅、一个圆锥透镜因子和一个闪耀光栅的相位，得到角向艾里光束掩模版复振幅透过率函数 t：

$$t = \exp\{i[\text{angle}(t_v E_\alpha) + P]\}$$

其中，t_v 为圆锥透镜透过率函数；E_α 为角向艾里光束的复振幅表达式；P 为闪耀光栅的相位表达式；angle（·）表示对光束的复振幅求相位的函数。

根据计算全息原理对所述的掩模版复振幅透过率函数 t 求相位即可得到可自由调控的角向艾里光束掩模版；

其中，圆锥透镜透过率函数 t_v 表达式为：

$$t_v(r) = \begin{cases} \exp[-jvr], & (r \leqslant R) \\ 0, & (r > R) \end{cases}$$

其中，v 为圆锥透镜参数；R 为圆形锥透镜光瞳半径；r 为极坐标系下的径向变量。

进一步优化本方案，所述的角向艾里光束的复振幅表达式为：

$$E_\alpha(\theta) = Ai\left(\frac{\theta - \varphi}{M}\right)\exp(\alpha(\theta - \varphi))$$

其中，Ai 为艾里函数；α 为衰减因子（$\alpha \geqslant 0$）可以抑制角向艾里光束的旁瓣；M 为任意的角向比例；$\varphi \in [-\pi, \pi]$ 为角向艾里光束的主瓣的空间位置调控因子。

进一步优化本方案，所述的闪耀光栅的相位表示为：

$$P = \frac{2\pi x}{c}$$

其中 c 为该闪耀光栅的相位周期，该闪耀光栅的作用主要是为了在实验上将角向艾里光束分离开。

本发明的有益效果是：

本发明所设计的掩模版可以实现在该掩模版的远场产生主瓣空间位置和旁瓣数量可自由调控的角向艾里光束。其主瓣的空间位置与旁瓣的数量由参数 φ 和 α 分别控制，可自由调控角向艾里光束的主瓣的空间位置和旁瓣数量，因而在微操纵技术中具有非常重要的应用前景。

附图说明

为了更清楚地说明发明实施例或现有技术中的技术方案，下面将对实施例或现有技术描述中所需要使用的附图作简单地介绍，显而易见地，下面描述中的附图仅仅是发明的一些实施例，对于本领域普通技术人员来讲，在不付出创造性劳动的前提下，还可以根据这些附图获得其他的附图。

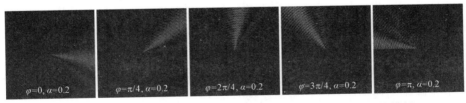

图 1　本发明产生主瓣空间位置可调控的角向艾里光束的相位掩模版
（衰减因子 α 为 0.2，主瓣空间位置调控因子 φ 取值以 $\pi/4$ 为间隔从 0 取到 π）

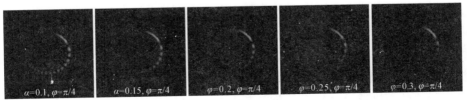

图 2　图 1 中所展示的掩模版实验生成的主瓣空间位置可调控的角向艾里光束

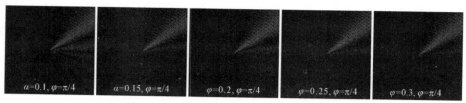

图3 本发明产生旁瓣数量可控的角向艾里光束的相位掩模版

（主瓣空间位置调控因子 φ 为 π/4，衰减因子 α 以 0.05 为间隔从 0.1 取到 0.3）

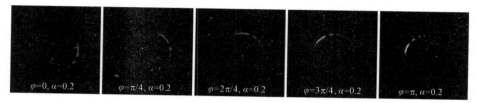

图4 图3中所展示的掩模版实验生成的旁瓣数量可控的角向艾里光束

具体实施方式

为使本发明实现的技术手段、创作特征、达成目的以及有益效果易于明白了解，下面结合具体实施方式，进一步阐述本发明。

本发明使用基于干涉记录，衍射再现的计算全息原理，通过对角向艾里光束的复振幅进行计算编码得到其相位掩模版，从而在远场产生可自由调控的角向艾里光束。这种角向艾里光束光强沿角向成艾里函数的分布，并且其主瓣的空间位置和旁瓣的数量可自由调控，因而在微操纵领域具有重要的应用价值。

图1和图3是本发明产生的主瓣的空间位置和旁瓣数量可控的角向艾里光束实施例的掩模版，其透过率函数具体表达式为：

$$t = \exp\{i[\text{angle}(t_v E_\alpha) + P]\}$$

其中，t_v 为圆锥透镜透过率函数；E_α 为角向艾里光束的复振幅表达式；P 为闪耀光栅的相位表达式；angle（·）表示对光束的复振幅求相位的函数；根据计算全息原理对所述的复透过率函数 t 求相位即可得到所述的可自由调控的角向艾里光束掩模版。

所述的圆锥透镜透过率函数 t_v 表达式为：

$$t_v(r) = \begin{cases} \exp[-jvr], & (r \leqslant R) \\ 0, & (r > R) \end{cases}$$

式中，v 为圆锥透镜参数，在本专利具体实施方式中的取值为 20；R 为圆形锥透镜光瞳半径；r 为极坐标系下的径向变量。

所述的角向艾里光束的复振幅表达式为：

$$E_\alpha(\theta) = Ai\left(\frac{\theta - \varphi}{M}\right) \exp(\alpha(\theta - \varphi))$$

其中，Ai 为艾里函数；α 为衰减因子（$\alpha \geqslant 0$）可以抑制角向艾里光束的旁瓣；M 为任意的角向比例，在本专利的具体实施方式里取值为 0.2；$\varphi \in [-\pi, \pi]$ 为角向艾里光束的主瓣的空间位置调控因子。

所述的闪耀光栅的相位表示为：

$$P = \frac{2\pi x}{c}$$

其中 c 为该闪耀光栅的相位周期，该闪耀光栅的作用主要是为了在实验上将角向艾里光束分离开。

实验中首先确定参数 φ 和 α 中的一个参数，之后选取不同的另一个参数，即可得到主瓣空间位置或旁瓣数量可控的角向艾里光束掩模版。图 1 是选取衰减因子 α 为 0.2，主瓣空间位置调控因子 φ 取值以 π/4 为间隔从 0 取到 π 时所得到的主瓣空间位置可调控的角向艾里光束的相位掩模版。图 3 是选取主瓣空间位置调控因子 φ 为 π/4，衰减因子 α 以 0.05 为间隔从 0.1 取到 0.3 时所得到的旁瓣数量可控的角向艾里光束的相位掩模版。

实施例

以下以 512×512 大小的掩模版为例，针对工作波长为 532 nm 的激光给出了主瓣空间位置和旁瓣数量可控的角向艾里光束掩模版。其中该掩模版圆锥透镜参数 v 取值为 20，任意的角向比例 M 取值为 0.2。选取衰减因子 α 为 0.2，主瓣空间位置调控因子 φ 取值以 π/4 为间隔从 0 取到 π，根据具体实施方式中的掩模版透过率函数最终得到主瓣空间位置可调控的角向艾里光束的相位掩模版。图 1 即为实施例中所使用的不同主瓣空间位置调控因子 φ 的角向艾里光束的相位掩模版。选取主瓣空间位置调控因子 φ 为 π/4，衰减因

子 α 以 0.05 为间隔从 0.1 取到 0.3，根据具体实施方式中的掩模版透过率函数最终得到旁瓣数量可控的角向艾里光束的相位掩模版。图 3 即为实施例中所使用的不同衰减因子 α 的角向艾里光束的相位掩模版。以德国 HOLOEYE 公司的型号为 PLUTO-VIS-016 的相位空间光调制器为例，其分辨率为 1 920 px×1 080 px，像素尺寸 8 μm，填充因子为 93%。实验中使用功率为 50 mW，波长为 532 nm 的连续波固体激光器。

图 2 所示，即为实验得到的主瓣空间位置可调控的角向艾里光束。从图中可以看出，随着主瓣空间位置调控因子 φ 的变化，可实现角向艾里光束在圆环轨迹上精确旋转。图 4 所示，即为实验得到的旁瓣数量可控的角向艾里光束。从图中可以看出，随着衰减因子 α 的取值由小到大，实验中产生的角向艾里光束的旁瓣数量越来越少。

综上所述，本发明提出了一种主瓣空间位置和旁瓣数量可控的角向艾里光束掩模版的具体设计方案及实施方案，并以圆锥透镜参数 ν 取值为 20，任意的角向比例 M 取为 0.2 为例，针对工作波长为 532 nm 的激光，提出了一种主瓣空间位置和旁瓣数量可控的角向艾里光束掩模版的技术实施路线。

以上所述产生主瓣空间位置和旁瓣数量可控的角向艾里光束掩模版仅表达了本发明的一种具体实施方式，并不能因此而理解为对本发明保护范围的限制。应当指出的是，对于本领域的普通技术人员来说，在不脱离本发明基本思想的前提下，还可以对本专利所提出的具体实施细节做出若干变形和改进，这些都属于本发明的保护范围。

附录 4　一种涡旋数目可控的环形涡旋阵列掩模版的设计方法

发明名称：一种涡旋数目可控的环形涡旋阵列掩模版的设计
发明专利号：ZL 201710296453.7
发明人：李新忠等

技术领域

本发明涉及微粒光操纵和光学测试领域，具体的说是一种涡旋数目可控的环形涡旋阵列掩模版的设计。

背景技术

　　光学涡旋携带轨道角动量，在光学诱捕、操纵微小粒子等方面有着广泛的应用。成为近年来信息光学领域一个非常重要的研究热点。而涡旋阵列作为光学涡旋主要存在形式之一，在微操纵领域中的多光阱捕获，以及特殊形貌的冷原子团簇捕获等研究方向中是一个重要的研究热点。而在这些应用中，涡旋阵列的形貌分布具有重要的研究意义。

　　关于涡旋阵列的生成，目前已经做过大量的研究，但主要集中于方形涡旋阵列。2008 年，S. C. Chu 等人使用两束正交的阶数与级数相同的因斯 – 高斯光束偶模干涉叠加生成了一种传输特性良好的近似方形的涡旋阵列【Opt. Express，2008，19934 – 19949】。2011 年，Y. C. Lin 等人使用厄米高斯光束干涉叠加生成了一种方形的涡旋阵列【Opt. Express，2011，10293 – 10303】。2016 年，Arash Sabatyan 等人提出了另一种涡旋阵列产生方案，使用一种多范围螺旋波带片产生了方形涡旋阵列【J. Opt. Soc. Am. A，2016，1793 – 1797】。关于环形涡旋阵列的研究较少，2016 年，T. Z. Yuan 等人提出了一种环形电磁涡旋阵列【IEEE ANTENN WIREL PR，2016，1024 – 1027】。然而，上述所有方案很难产生一种可应用于微粒操纵领域的环形涡旋阵列。

发明内容

　　本发明目的是为解决上述技术问题的不足，提供了一种涡旋数目可控的环形涡旋阵列掩模版的设计，并使用该掩模版产生涡旋数目实时在线自由调控的环形涡旋阵列。在微粒操纵领域具有非常重要的应用价值。

　　本发明利用计算全息原理，通过光束复振幅计算模拟使两个具有不同半径的完美涡旋光束掩模版叠加。从而，在远场产生环形涡旋阵列。这种环形涡旋阵列可以任意控制环上涡旋暗核数，因而在微粒操纵领域具有重要的应用价值。

　　本发明为解决上述技术问题所采用的技术方案是：

　　一种涡旋数目可控的环形涡旋阵列掩模版，其特点在于结合了两个螺旋相位因子、两个锥透镜复透过率函数与一个平面波复振幅，其透过率函数具体表达式为：

$$t = \left| t_{a1}E_{v1} + t_{a2}E_{v2} + E_p \right|^2$$

其中，t_{a1}、t_{a2} 为参数不同的两个锥透镜透过率函数；E_{v1}、E_{v2} 为拓扑荷值不同的螺旋相位因子；E_p 为平面波因子电场表达式。

所述的锥透镜透过率函数（t_{a1}、t_{a2}）表达式为：

$$t_{am}(r) = \begin{cases} \exp\left[-jk(n-1)\,r\varphi_m\right], & (r \leqslant R) \\ 0, & (r > R) \end{cases}$$

式中，$m = 1$、2 为编号；r 为极坐标径向变量；n 为锥透镜材料折射率；φ_m 为两锥透镜的锥角，即锥透镜锥面与底平面的夹角，满足 $\varphi_1 \neq \varphi_2$；k 为波矢；R 为锥透镜光瞳半径。

所述的螺旋相位因子（E_{v1}、E_{v2}）表达式为：

$$E_{vm}(\theta) = \exp(il_m\theta)$$

其中，θ 为极坐标系角向变量；l_m 为两螺旋相位因子的拓扑荷值，满足 $l_1 \neq l_2$。

螺旋相位因子与锥透镜相乘 $t_{am}E_{vm}$ 为贝塞尔–高斯光束的电场表达式。根据傅里叶变换为线性变换以及贝塞尔–高斯光束傅里叶变换可以生成完美涡旋两项性质知道，公式 $t_{a1}E_{v1} + t_{a2}E_{v2}$ 傅里叶变换可以生成参数不同的两个完全同心的完美涡旋。且调节两个锥透镜锥角可以改变两个完美涡旋的光环半径。

所述的平面波的电场表示为：

$$E_p = E_0 \exp(-ikz)$$

其中 z 为传播距离。其作用在于将上述的两个贝塞尔–高斯光束的电场表达式在实验中生成出来。具体来说：根据计算全息技术，模拟电场表达式 $t_{a1}E_{v1} + t_{a2}E_{v2}$ 与平面波 E_p 干涉，之后求模取平方得到干涉光强图实现了全息原理的干涉记录过程。该干涉光强图即为本发明所设计的掩模版 t。

本发明通过调节两完美涡旋光环半径发现，当两个同心完美涡旋光环宽度重合 36% 时可以生成环形涡旋阵列。通过调节两锥透镜锥角控制同心完美涡旋的光环重合程度，可以实现环形涡旋阵列的生成，其阵列涡旋数为 $|l_1 - l_2|$，每个暗核拓扑荷为 1。

本发明的技术效果：

本发明所设计的掩模版可以实现在该掩模版的远场产生涡旋数目可控的环形涡旋阵列。其阵列涡旋数为所使用的两个螺旋相位因子拓扑荷参数差的绝对值 $|l_1 - l_2|$。通过一个入射光场在一个光环上同时产生了多个拓扑荷为 1 的涡旋暗核。因而在微粒操纵技术中具有非常重要的应用前景。

附图说明

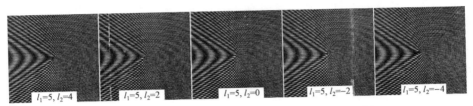

图 1　本发明产生涡旋数目可控的环形涡旋阵列掩模版

（螺旋相位因子拓扑荷参数选取 $l_1 = 5$、l_2 依次以 2 为间隔从 4 取到 −4）

图 2　图 1 中所展示的掩模版模拟生成的环形涡旋阵列

具体实施方式

图 1 是本发明产生的环形涡旋阵列实施例的掩模版，其透过率函数可以表示为：

$$t = \left| t_{a1}E_{v1} + t_{a2}E_{v2} + E_p \right|^2$$

其中，t_{a1}、t_{a2} 为参数不同的两个锥透镜透过率函数；E_{v1}、E_{v2} 为拓扑荷不同的螺旋相位因子；E_p 为平面波因子电场表达式。

所述的锥透镜透过率函数（t_{a1}、t_{a2}）表达式为：

$$t_{am}(r) = \begin{cases} \exp\left[-jk(n-1)r\varphi_m\right], & (r \leqslant R) \\ 0, & (r > R) \end{cases}$$

式中，$m=1$、2 为编号；r 为极坐标径向变量；n 为锥透镜材料折射率；φ_m 为两锥透镜的锥角，即锥透镜锥面与底平面的夹角，满足 $\varphi_1 \neq \varphi_2$；k 为波矢；R 为锥透镜光瞳半径。

所述的螺旋相位因子（E_{v1}、E_{v2}）表达式为：

$$E_{vm}(\theta) = \exp(il_m\theta)$$

其中，θ 为极坐标系角向变量；l_m 为两螺旋相位因子的拓扑荷，满足 $l_1 \neq l_2$。

螺旋相位因子与锥透镜相乘 $t_{am}E_{vm}$ 为贝塞尔-高斯光束的电场表达式。根据傅里叶变换为线性变换以及贝塞尔-高斯光束傅里叶变换可以生成完美涡旋两项性质知道，公式 $t_{a1}E_{v1}+t_{a2}E_{v2}$ 傅里叶变换可以生成参数不同的两个完全同心的完美涡旋。且调节两个锥透镜锥角可以改变两个完美涡旋的光环半径。

所述的平面波的电场表示为：

$$E_p = E_0 \exp(-ikz)$$

其中 z 为传播距离。其作用在于将上述的两个贝塞尔-高斯光束的电场表达式在实验中生成出来。具体来说：根据计算全息技术，模拟电场表达式 $t_{a1}E_{v1}+t_{a2}E_{v2}$ 与平面波 E_p 干涉，之后求模取平方得到干涉光强图实现了全息原理的干涉记录过程。该干涉光强图即为本发明所设计的掩模版 t。

实验中依次选取不同的两锥透镜复透过率函数的锥角差，得到不同重合度的同心完美涡旋，从中确定当两个同心完美涡旋光环宽度重合 36% 时可以生成环形涡旋阵列，此时两锥透镜复透过率函数的锥角差为 0.02 rad。将其中一个螺旋相位因子拓扑荷 l_1 取固定值，另一个螺旋相位因子拓扑荷 l_2 依次取不同拓扑荷值得到涡旋数目可控的环形涡旋阵列。图 1 为螺旋相位因子拓扑荷参数选取 $l_1=5$、l_2 依次以 2 为间隔从 4 取到 -4，锥透镜锥角差取 0.02 rad 所得到环形涡旋阵列掩模版。

实施例

以下以 512×512 像素大小的掩模版为例，针对工作波长为 532 nm 的激光给出了涡旋数目可控的环形涡旋阵列掩模版。该掩模版锥透镜锥角分别取 $\varphi_1 = 0.1$ rad、$\varphi_2 = 0.08$ rad，螺旋相位因子拓扑荷参数选取 $l_1=5$、l_2 依次以 2 为间隔从 4 取到 −4，根据具体实施方式中的掩模版透过率函数最终得到涡旋数目可控的环形涡旋阵列掩模版。图 1 给出了所述的不同拓扑荷取值下生成的掩模版。这种涡旋数目可控的环形涡旋阵列掩模版可以通过一个空间光调制器来实现。以北京镭志威光电技术有限公司的 LWGL532−100mW−SLM 型号空间光调制器为例，其功率为 50 mW 波长为 532 nm。

　　如图 2 所示，理论模拟了这种涡旋数目可控的环形涡旋阵列掩模版在数值孔径 NA = 0.025 的透镜焦平面上的光强分布。从图中可以看出，本课题得到了光环上暗核均匀分布的涡旋数目可控的环形涡旋阵列，其涡旋数目满足 $|l_1 - l_2|$。我们的理论模拟结果表明，通过本发明提出的这种环形涡旋阵列掩模版，可以得到涡旋数目可控的环形涡旋阵列。这将为光学微尺度操纵提供更为丰富的操纵模式。

　　综上所述，本发明提出了一种涡旋数目可控的环形涡旋阵列掩模版的具体设计方案及实施方案，并以 NA = 0.025 的聚焦透镜、锥透镜复透过率函数锥角分别取 $\varphi_1 = 0.1$ rad、$\varphi_2 = 0.08$ rad 为例，针对工作波长为 532 nm 的激光，提出了一种涡旋数目可控的环形涡旋阵列掩模版的技术实施路线。

　　以上所述产生涡旋数目可控的环形涡旋阵列掩模版仅表达了本发明的一种具体实施方式，并不能因此而理解为对本发明保护范围的限制。应当指出的是，对于本领域的普通技术人员来说，在不脱离本发明基本思想的前提下，还可以对本专利所提出的具体实施细节做出若干变形和改进，这些都属于本发明的保护范围。

附录 5　一种结构可控的紧排列完美涡旋阵列掩模版的设计方法

　　发明名称：一种结构可控的紧排列完美涡旋阵列掩模版的设计方法

　　发明专利号：ZL 201810912645.0

　　发明人：李新忠等

技术领域

　　本发明涉及光通信领域，具体地说是一种结构可控的紧排列完美涡旋阵列掩模版的设计方法。

背景技术

在过去的几十年中，光学涡旋成为许多领域的研究热点。其在光通信，微粒操纵，量子信息编码等领域具有重要的应用价值。完美光学涡旋【Opt. Lett. 38：534（2013）】因其光环半径不依赖于拓扑荷值，在光纤耦合通讯领域具有重要的前沿研究意义。2014 年，Leslie A. Rusch 课题组首次实现完美涡旋在光通信中的应用【Opt. Express 22：26117（2014）】，实现了基于 36 个 OAM 态的完美涡旋光束的光纤通信。随后，为了提高通信容量，2015 年，【Opt. Lett. 40：2513（2015）】基于二维相位编码光栅提出一种方形完美涡旋阵列结构。然而受限于其编码原理，其生成的完美涡旋阵列结构的可控性仍有待进一步研究。之后为了拓宽其应用，2016 年，Li Yan 提出一种 3 维紧聚焦完美涡旋方阵【Opt. Express 24：28270（2016）】。然而，对于单模多芯光纤来说，其纤芯空间分布较为多样化。为了响应多样化的纤芯分布，迫切要求有一种空间结构可控的完美涡旋阵列模式分布。

综上所述，在光通信领域，尚缺少一种结构可控的紧排列完美涡旋阵列光束，用以应对光通信领域对不同结构的完美涡旋阵列的需求。

发明内容

本发明的目的是为解决上述技术问题的不足，提供了一种结构可控的紧排列完美涡旋阵列掩模版的设计方法，可通过该掩模版产生不同结构的紧排列完美涡旋阵列光束，在光通信领域具有非常重要的应用价值。

该发明利用计算全息原理，通过全局混合相位掩模技术，计算机编码得到结构可控的紧排列完美涡旋阵列掩模版，从而在远场产生该完美涡旋阵列。这种完美涡旋阵列具有结构可控的特点，因而在光通信领域具有重要的应用价值。

本发明所采用的技术方案是：一种结构可控的紧排列完美涡旋阵列掩模版的设计方法，步骤如下：

步骤一、根据固体物理晶格阵列的原理，利用格点晶格内部坐标取值的选取，实现晶格原包向四周的延拓，得到格点坐标矩阵 L_n。

步骤二、利用步骤一得到格点坐标矩阵 $L_{n'}$ 通过坐标变换矩阵进行坐标变换得到逻辑运算单元 $X_{n'}$。

步骤三、将步骤二得到的逻辑运算单元 $X_{n'}$ 进行逻辑运算进而得到结构可控的阵列格子坐标矩阵。

步骤四、将步骤三得到的结构可控的阵列格子坐标矩阵带入公式：

$$t = \mathrm{circ}\,(\rho)\,\mathrm{sun}\left\{\exp\left\{\mathrm{j}\left[k(n_1-1)\rho A + \varphi M + 2\pi\mathrm{LOGIC}(L_{n'} \times T_{n'},\, N') \times \begin{pmatrix} x \\ y \end{pmatrix}\right]\right\}\right\}$$

得到结构可控的紧排列完美涡旋阵列掩模版复透过率函数 t。

其中，$\mathrm{circ}\,(\rho)$ 为圆形光阑，(ρ, φ) 为极坐标径向及角向变量；(x, y) 为极坐标 (ρ, φ) 所对应的直角坐标系；j 为虚数单位；k 为波数；n_1 为锥透镜的折射率；完美涡旋总数为 N，A、M 为 N 行 1 列的矩阵，分别控制着每个完美涡旋的半径与拓扑荷值；$T_{n'}$ 为 N 行 2 列的矩阵，代表着阵列格子的晶格内部坐标；$T_{n'}$ 为晶格坐标系对直角坐标系的变换矩阵，LOGIC（$X_{n'}$，N'）为逻辑运算函数，代表在逻辑运算单元 $X_{n'}$ 之间进行逻辑运算，其中 N' 为逻辑运算单元的总个数，sum（·）为矩阵元素求和函数。

步骤五、将上述得到的掩模版的复振幅透过率函数 t 结合闪耀光栅相位因子生成结构可控的紧排列完美涡旋阵列掩模版 T，掩模版 T 的表达式为：

$$T = \mathrm{angle}\left(t\exp\left(\frac{\mathrm{j}2\pi x}{D}\right)\right)$$

其中，D 为闪耀光栅周期。

进一步优化本方案，所述的步骤一中，所述格点坐标矩阵 $L_{n'}$ 的特点在于取值规律为几个整数的排列组合。

进一步优化本方案，所述的步骤二中，所使用的坐标变换矩阵表达式为：

$$T_{n'} = d_{n'}\begin{pmatrix} 1 & 0 \\ -\sin(\theta_{n'}-\pi/2) & \cos(\theta_{n'}-\pi/2) \end{pmatrix}$$

其中，$d_{n'}$ 与 $\theta_{n'}$ 分别晶格原包的基矢长度及夹角，通过 $d_{n'}$ 与 $\theta_{n'}$ 的取值，可以实现生成阵列为紧排列结构。

进一步优化本方案，所述的步骤三中，采用的逻辑运算包括或、且以及非。

本发明的有益效果是：本发明所设计的结构可控的紧排列完美涡旋阵列

掩模版在远场产生结构可控的紧排列完美涡旋阵列。其阵列结构由逻辑运算单元进行逻辑运算得到；阵列格点上完美涡旋半径与拓扑荷值分别由参数矩阵 A 与 M 确定。本发明提供了一种适用于基于单模多芯光纤光通信的信息携带光束。

附图说明

为了更清楚地说明发明实施例或现有技术中的技术方案，下面将对实施例或现有技术描述中所需要使用的附图作简单地介绍，显而易见地，下面描述中的附图仅仅是发明的一些实施例，对于本领域普通技术人员来讲，在不付出创造性劳动的前提下，还可以根据这些附图获得其他的附图。

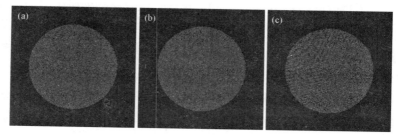

图1　本发明产生的结构可控的紧排列完美涡旋阵列光束掩模版
（间隔 d 与完美涡旋的直径相等）

（a）$N'=2$，$\theta_1=120°$，$\theta_2=60°$，$L_1=L_2$ 选取整数 0、1、2 的重复排列，逻辑运算为"与"；（b）$N'=2$，$\theta_1=120°$，$\theta_2=60°$，$L_1=L_2$ 选取整数 −1、0、1 的重复排列，逻辑运算为"与"；（c）$N'=6$，$\theta_1=\theta_3=\theta_5=120°$，$\theta_2=\theta_4=\theta_6=60°$，$L_1=L_2=L_3=L_4$ 选取整数 −3～3 的重复排列，$L_5=L_6$ 选取整数 0～6 的重复排列，逻辑关系为：（X_1 与 X_2）并（X_3 与 X_4）并 [非（X_5 与 X_6）]

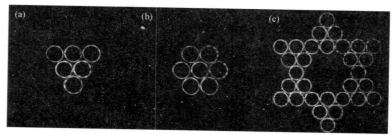

图2　图1中所展示的掩模版生成的不同结构的完美涡旋阵列光束

具体实施方式

为使本发明实现的技术手段、创作特征、达成目的以及有益效果易于明白了解，下面结合具体实施方式，进一步阐述本发明。

图 1 是本发明产生的结构可控的紧排列完美涡旋阵列的掩模版，该掩模版复透过率函数 t 具体表达式为：

$$t = \mathrm{circ}(\rho)\,\mathrm{sun}\left\{\exp\left\{\mathrm{j}\left[k(n_1-1)\rho A + \varphi M + 2\pi \mathrm{LOGIC}(L_{n'} \times T_{n'},\, N') \times \begin{pmatrix} x \\ y \end{pmatrix}\right]\right\}\right\} \quad (1)$$

其中，$\mathrm{circ}(\rho)$ 为圆形光阑，(ρ,φ) 为极坐标径向及角向变量；(x, y) 为极坐标 (ρ,φ) 所对应的直角坐标系；j 为虚数单位；k 为波数；n_1 为锥透镜的折射率；完美涡旋总数为 N。A、M 为 N 行 1 列的矩阵，分别控制着每个完美涡旋的半径与拓扑荷值，具体实施方式中 A 中所有元素均取常数 0.001，M 中元素随机取区间 $[-10,\ 10]$ 上的整数；$L_{n'}$ 为 N 行 2 列的矩阵，代表着阵列格子的晶格内部坐标；$T_{n'}$ 为晶格坐标系对直角坐标系的变换矩阵，格点坐标矩阵 $L_{n'}$ 通过变换矩阵 $T_{n'}$ 得到逻辑运算单元 $X_{n'}$。LOGIC（$X_{n'}$，N'）为逻辑运算函数，代表在逻辑运算单元 $X_{n'}$ 之间进行逻辑运算，其中 N' 为逻辑运算单元的总个数。sum（·）为矩阵元素求和函数。

本发明掩模版的具体设计可以使用下述过程实现，具体步骤如下：

步骤一、本发明根据固体物理晶格阵列的原理，利用格点晶格内部坐标取值的选取，实现晶格原包向四周的延拓，得到格点坐标矩阵 $L_{n'}$。格点坐标矩阵 $L_{n'}$ 的特点在于取值规律，为几个整数的排列组合，可以借用数学上的排列组合很容易的计算得到。

步骤二、利用步骤一得到格点坐标矩阵 $L_{n'}$ 通过坐标变换矩阵进行坐标变换得到逻辑运算单元 $X_{n'}$。所使用的坐标变换矩阵表达式为：

$$T_{n'} = d_{n'}\begin{pmatrix} 1 & 0 \\ -\sin(\theta_{n'}-\pi/2) & \cos(\theta_{n'}-\pi/2) \end{pmatrix}$$

其中，$d_{n'}$ 与 $\theta_{n'}$ 分别晶格原包的基矢长度及夹角，具体实施方式中 $d_{n'}$ 取值均为 2 mm。

步骤三、将步骤二得到的逻辑运算单元 $X_{n'}$ 进行逻辑运算进而得到结构可控的阵列格子坐标矩阵；其逻辑运算主要包括或、且、非。

步骤四、将步骤三得到的结构可控的阵列格子坐标矩阵带入公式（1）得到结构可控的紧排列完美涡旋阵列掩模版复透过率函数 t。

步骤五、将上述得到的掩模版的复振幅透过率函数 t 结合闪耀光栅相位因子生成结构可控的紧排列完美涡旋阵列掩模版 T，掩模版 T 表达式为：

$$T = \text{angle}\left(t \exp\left(\frac{\text{j}2\pi x}{D} \right) \right)$$

其中，D 为闪耀光栅周期，具体实施方式中取 0.26 mm。

首次实验中首先按照设计要求确定结构可控的紧排列完美涡旋阵列的参数取值，随后在该参数取值下编码所发明的相位掩模版。观察远场所生成的结构可控的紧排列完美涡旋阵列光束，判断是否能与掩模版 0 级衍射区分开。之后，调节闪耀光栅周期，直到所生成的结构可控的紧排列完美涡旋阵列与 0 级区分开为止。后续实验可按照首次实验中得到的闪耀光栅周期，在该闪耀光栅周期下，设计相应结构的光束并编码为掩模版。

实施例

以下以 512×512 像素大小的掩模版为例，针对工作波长为 532 nm 的激光，根据具体实施方式中的掩模版透过率函数及参数选取最终得到结构可控的紧排列完美涡旋阵列掩模版，图 1 所示。这种结构可控的紧排列完美涡旋阵列掩模版可以在空间光调制器的远场实现。以德国 HOLOEYE 公司的 PLUTO−VIS−016 型号空间光调制器为例，对所提出的结构可控的紧排列完美涡旋阵列掩模版进行实验验证。

图 2 所示，实验得到了这种结构可控的紧排列完美涡旋阵列掩模版在焦距 200 mm 的透镜焦平面上的光强分布。从图中可以看出，通过对两组坐标矩阵进行逻辑运算，可以生成三角及六方完美涡旋阵列光束，图 2 中 a 与 b 所示。此外，使用多组坐标矩阵可以生成更为复杂的阵列结构。图 2 中 c 即为使用 6 组坐标矩阵进行逻辑运算，所生成的六角星分布的完美涡旋阵列结构。综上，该实验表明，通过本发明提出的这种结构可控的紧排列完美涡旋阵列的掩模版，可以得到不同结构的紧排列完美涡旋阵列。这将为光通信领域提供更为丰富的编码方式。

综上所述，本发明提出了一种结构可控的紧排列完美涡旋阵列掩模版的具体设计方案及实施方案，并以焦距为 200 mm 的聚焦透镜为例，针对工作波长为 532 nm 的激光，提出了一种结构可控的紧排列完美涡旋阵列掩模版的技术实施路线。

以上所述产生结构可控的紧排列完美涡旋阵列掩模版仅表达了本发明的一种具体实施方式，并不能因此而理解为对本发明保护范围的限制。应当指出的是，对于本领域的普通技术人员来说，在不脱离本发明基本思想的前提下，还可以对本专利所提出的具体实施细节做出若干变形和改进，这些都属于本发明的保护范围。

附录6　一种参数可调节的贝塞尔光束产生装置及其产生方法

发明名称：一种参数可调节的贝塞尔光束产生装置及其产生方法

发明专利号：ZL 201510091152.1

发明人：李新忠等

技术领域

本发明涉及一种贝塞尔光束产生装置和产生方法，具体的说涉及一种参数可灵活调节的贝塞尔光束产生装置及其光束产生方法，可广泛应用于微粒光操纵、光学测试等领域。

背景技术

贝塞尔光束是自由空间标量波动方程的一组特殊解，其光场分布具有第一类贝塞尔函数的形式。1987 年，J. Durnin 首次提出了贝塞尔光束的无衍射特性，将贝塞尔光束称为无衍射光束。贝塞尔光束在微制造、微纳光学以及光镊等领域，特别是对超冷粒子的操控上具有重要的应用前景。而现实中没有直接发射贝赛尔光束的光源，因此，研究如何产生高质量、参数可调节的贝赛尔光束成为信息光学中的一个研究热点。

在贝赛尔光束的产生方法中,经文献检索,发明专利"产生径向贝塞尔–高斯光束的系统和方法"(公开号为 102981277A,公开日为 2013.03.20),提供了一种产生径向偏振贝塞尔–高斯光束的系统和方法,该方法可以通过产生不同的全息图来产生不同环数的径向偏振贝塞尔高斯光束;发明专利"基于圆环达曼光栅的贝塞尔光束产生器"(授权号为 ZL201110388322.4,授权日为 2013.10.30),提出一种基于圆环达曼光栅的贝塞尔光束产生器,该装置能产生微米级聚焦光斑和超长焦深的贝塞尔光束;发明专利"一种基于相全息图产生任意阶次无衍射贝塞尔光束阵列的方法和装置"(公开号 102981277A,公开日为 2013.03.20),该方法能量利用率高,可获得任意阶射贝塞尔光束阵列。然而,在这些贝塞尔光束的产生方法中,一旦光学元件选定,所生成的贝塞尔光束的特性就固定下来;但在很多应用场合,需要对贝塞尔光束的光斑大小及焦深等参数进行实时调节,以适应光学系统的要求。

分析可知,在现有产生贝塞尔光束的技术中,尚缺少一种对贝塞尔光束参数进行实时在线可调节的产生装置和产生方法。

发明内容

为解决上述技术问题,提供了一种参数可实时在线调节的贝塞尔光束产生装置及其产生方法。

本发明采用如下技术方案:一种参数可调节的贝塞尔光束产生装置,包括一连续波激光器,该连续波激光器发出的光束被全反镜反射后进入滤波器,然后经凸透镜准直,准直后的光束经起偏器后变为线偏振光,照射在分束立方体上。

经分束立方体后的光束被分为两束,一路为反射光,一路为透射光;反射光照射在反射式空间光调制器上,经反射式空间光调制器反射后产生涡旋光束,涡旋光束经过分束立方体、检偏器后照射在光阑上;经过光阑后的涡旋光束垂直照射在透射式空间光调制器上,经过透射式空间光调制器后产生贝塞尔光束,贝塞尔光束在 CCD 相机中成像,并存储进计算机进行分析;所述的滤波器与凸透镜间的距离为该凸透镜的焦距;所述的反射式空间光调制器、透射式空间光调制器、CCD 相机分别与计算机相连。

进一步优化,一种参数可调节的贝塞尔光束产生装置,所述的滤波器为针孔滤波器。

一种参数可调节的贝赛尔光束产生方法，步骤如下：

步骤一、利用衍射光学元件设计的 Gershberg–Saxton 迭代算法，产生参数可调节的锥透镜衍射光学元件相位图，写入透射式空间光调制器，具体过程如下，

垂直入射到锥透镜上的涡旋光束的电场表示为：

$$E_0(r,\varphi) = A_0 \left(\frac{r}{w_0}\right)^m \times \exp\left(\frac{-r^2}{w_0^2}\right) \times \exp\left(\mathrm{j}m\varphi\right)$$

其中，A_0 为振幅常数，w_0 为束腰半径，m 为拓扑电荷数，j 为虚数单位。

锥透镜的振幅透过率为：

$$t(r) = \begin{cases} \exp\left[-\mathrm{j}k(n-1)\,r\alpha\right], & (r \leqslant R) \\ 0, & (r \leqslant R) \end{cases}$$

式中，n 为锥透镜材料折射率，α 为锥透镜的锥角，即锥透镜锥面与底平面的夹角；k 为波数，R 为锥透镜光瞳半径。

涡旋光束经过锥透镜后的复振幅分布为：

$$E_1 = E_0(r,\varphi) * t(r)$$

以该复振幅 E_1 所在平面为输入平面，以其夫琅禾费衍射平面为目标平面，由于输入平面与目标平面是傅里叶变换关系，在输入平面和目标平面间不断利用傅里叶变换和傅里叶逆变换进行迭代计算；每个迭代过程中，在输入平面和目标平面其相位利用变换后的相位，振幅分别用输入平面振幅和目标平面振幅替换；经过 Q 次迭代运算后得到锥透镜衍射光学元件相位图 P_1。

步骤二、利用计算机将锥透镜的相位图 P_1 写入透射式空间光调制器。

步骤三、结合计算全息技术，生成涡旋光束 E_0 与平面波的干涉相位图 P_2；利用计算机写入反射式空间光调制器。

步骤四、打开连续波激光器电源，连续波激光器发出的光束被全反镜反射后，进入针孔滤波器、然后经凸透镜准直，准直后的光束经起偏器后变为线偏振光，照射在分束立方体上；经分束立方体后的光束被分为两束，一路为反射光，一路为透射光；所述的反射光束照射在反射式空间光调制器上。

步骤五、照射在反射式空间光调制器上的光束作为参考光束，用以衍射再现涡旋光束；衍射再现的涡旋光束经过分束立方体、检偏器后照射在光阑

上；光阑的作用是选择反射式空间光调制器的一级衍射光作为涡旋光束。

步骤六、经过光阑后的涡旋光束垂直照射在透射式空间光调制器上，此时的透射式空间光调制器实质上是作为参数可自由调节的锥透镜。

步骤七、所述的涡旋光束经过透射式空间光调制器后产生贝赛尔光束。

步骤八、所述的贝赛尔光束在 CCD 相机中成像后，图像进入计算机进行后续分析。

步骤九、根据计算机分析结果，通过调节步骤一中锥透镜材料折射率 n 或锥角 α 的数值，产生所需的参数可自由调节的贝赛尔光束。

有益效果：与以往技术相比，本发明装置和方法能够实现参数可实时在线自由调节的贝赛尔光束；本发明装置具有原理简洁、成本低廉、参数可实时在线调节的优点；本发明可广泛应用于微粒光操纵、光学测试等领域。

附图说明

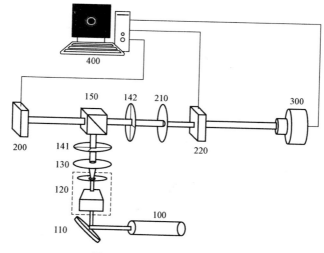

图 1　本发明的装置原理图

100—激光器；110—全反镜；120—滤波器；130—凸透镜；141—起偏器；142—检偏器；
150—分束立方体；200—反射式空间光调制器；210—光阑；
220—透射式空间光调制器；300—CCD 相机；400—计算机

146

具体实施方式

下面结合实例对本发明作进一步说明。

如附图所示，一种贝塞尔光束产生装置，包括一连续波激光器 100，该实施例中连续波激光器 100 选择波长为 632.8 nm，功率为 1 mW 的激光器；该连续波激光器 100 发出的光束被全反镜 110 反射后进入滤波器 120，可以选择针孔滤波器，然后经凸透镜 130 准直，准直后的光束经起偏器 141 后变为线偏振光，照射在分束立方体 150 上。

经分束立方体 150 后的光束被分为两束，一路为反射光，一路为透射光；反射光照射在反射式空间光调制器 200 上，经反射式空间光调制器 200 反射后产生涡旋光束，涡旋光束经过分束立方体 150、检偏器 142 后照射在光阑 210 上，经过光阑 210 后的涡旋光束垂直照射在透射式空间光调制器 220 上，经过透射式空间光调制器 220 后产生贝赛尔光束，贝赛尔光束在 CCD 相机 300 中成像；后存储进计算机 400 进行分析。

所述的滤波器 120 与凸透镜 130 间的距离为该凸透镜 130 的焦距；所述的反射式空间光调制器 200、透射式空间光调制器 220、CCD 相机 300 分别与计算机 400 相连。

所述的反射式空间光调制器 200 的作用是产生涡旋光束；所述的起偏器 141 和检偏器 142 用于调节涡旋光束的光束质量；所述的光阑 210 的作用是选择反射式空间光调制器 200 衍射光场的一级衍射光束；所述的透射式空间光调制器 200 的作用是作为参数可调的锥透镜；涡旋光束经过反射式空间光调制器 200 后产生贝赛尔光束。

一种贝赛尔光束产生方法，具体步骤如下：

步骤一、利用衍射光学元件设计的 Gershberg – Saxton（G – S）迭代算法，产生参数可调节的锥透镜衍射光学元件相位图，写入透射式空间光调制器 220，具体过程如下：

垂直入射到锥透镜上的涡旋光束的电场表示为：

$$E_0(r,\varphi) = A_0 \left(\frac{r}{w_0}\right)^m \times \exp\left(\frac{-r^2}{w_0^2}\right) \times \exp\left(\mathrm{j}m\varphi\right)$$

其中，A_0 为振幅常数，w_0 为束腰半径，m 为拓扑电荷数，j 为虚数单位；锥透镜的振幅透过率为：

$$t(r) = \begin{cases} \exp[-jk(n-1)r\alpha], & (r \leqslant R) \\ 0, & (r \leqslant R) \end{cases}$$

式中，n 为锥透镜材料折射率，α 为锥透镜的锥角，即锥透镜锥面与底平面的夹角；k 为波数，R 为锥透镜光瞳半径。

涡旋光束经过锥透镜后的复振幅分布为：

$$E_1 = E_0(r, \varphi) * t(r)$$

以该复振幅 E_1 所在平面为输入平面，以其夫琅禾费衍射平面为目标平面，由于输入平面与目标平面是傅里叶变换关系，在输入平面和目标平面间不断利用傅里叶变换和傅里叶逆变换进行迭代计算；每个迭代过程中，在输入平面和目标平面其相位利用变换后的相位，振幅分别用输入平面振幅和目标平面振幅替换；经过 Q 次迭代运算后得到锥透镜衍射光学元件相位图 P_1。

步骤二、利用计算机 400 将锥透镜的相位图 P_1 写入透射式空间光调制器 220。

步骤三、结合计算全息技术，生成涡旋光束 E_0 与平面波的干涉相位图 P_2；利用计算机 400 写入反射式空间光调制器 200。

步骤四、打开连续波激光器电源 100，连续波激光器 100 发出的光束被全反镜 110 反射后，进入针孔滤波器、然后经凸透镜 130 准直，准直后的光束经起偏器 141 后变为线偏振光，照射在分束立方体 150 上；经分束立方体 150 后的光束被分为两束，一路为反射光，一路为透射光；所述的反射光束照射在反射式空间光调制器 200 上。

步骤五、照射在反射式空间光调制器 200 上的光束作为参考光束，用以衍射再现涡旋光束；衍射再现的涡旋光束经过分束立方体 150、检偏器 142 后照射在光阑 210 上；光阑 210 的作用是选择反射式空间光调制器 200 的一级衍射光作为涡旋光束。

步骤六、经过光阑 210 后的涡旋光束垂直照射在透射式空间光调制器 220 上，此时的透射式空间光调制器 220 实质上是作为参数可自由调节的锥透镜。

步骤七、所述的涡旋光束经过透射式空间光调制器 220 后产生贝赛尔光束。

步骤八、所述的贝赛尔光束在 CCD 相机 300 中成像后，图像进入计算机 400 进行后续分析。

步骤九、根据计算机 400 分析结果，通过调节步骤一中锥透镜材料折射率 n 或锥角 α 的数值，产生所需的参数可自由调节的贝赛尔光束。

经实验表明：本发明装置和方法能产生参数可调的贝赛尔光束，并且具有原理简洁、结构简单，可在线调控，易于操作的优点。

附录 7　基于光强分析的分数阶涡旋光束拓扑荷值测量方法

发明名称：基于光强分析的分数阶涡旋光束拓扑荷值测量方法

发明专利号：ZL 201410181175.7

发明人：李新忠等

技术领域

本发明涉及一种测量分数阶涡旋光束拓扑荷值的方法，具体的说是涉及一种利用光强分析测量分数阶涡旋光束拓扑荷值的方法。

背景技术

由于涡旋光束在玻色 – 爱因斯坦凝聚、量子信息编码、粒子囚禁、光镊及光扳手等领域具有重要的应用前景，成为近年来信息光学领域一个非常重要的研究热点。2004 年，M. V. Berry 首次系统、全面的阐述了分数阶光学涡旋的理论基础【M. V. Berry，J Opt a – Pure Appl Op 6（2004）259】。分数阶涡旋光束可携带更多信息量且能提供更精细化的微粒操作，成为涡旋光学领域众多研究者竞相研究的热点课题。

生成分数阶光学涡旋的最简洁方法是利用计算全息图显示在空间光调制器上。由于分数阶涡旋光束的空间稳定性很差，因此，在研究分数阶涡旋光束特性及应用时，对生成的分数阶涡旋光束的拓扑荷值（即光子轨道角动量）进行精确测量是首先需要解决的问题。

从目前研究看，涡旋光束拓扑荷值的测量主要分为干涉测量和衍射测量。但这两种方法都是通过数干涉/衍射条纹数测量来实现，仅能达到半整数阶（0.5 阶）精度【A. Mourka et al.，Optics Express 19（2011）5760】的拓扑荷值测量。

因此，如何实现任意阶（0.1 阶）精度的拓扑荷值的测量是该技术领域面临的一个亟待解决的技术难题。

发明内容

本发明要解决的技术问题：提供一种能测量任意分数阶（0.1 阶）涡旋光束拓扑荷值的方法。

本发明的技术解决方案如下：

一种基于光强分析的分数阶涡旋光束拓扑荷值测量方法，其主要是：

（1）将待测涡旋光束与其共轭光束相干涉，记录干涉条纹图。

（2）若干涉条纹图亮条纹分布具有圆对称性，则利用公式 $|m| = n_0 / 2$，求得涡旋光束的拓扑荷值，其中，m 为拓扑荷值，n 为亮斑个数。

（3）若干涉条纹亮斑分布不具有圆对称性但具有轴对称性且各个亮斑的强度相同，则通过公式 $|m| = n_1 / 2 + \varepsilon_1$，求得涡旋光束的拓扑荷值，其中，$n_1$ 为亮斑个数，ε_1 的值通过干涉图样对称轴上两个光强极大值的比值（两者中的小值除以大值）α_1 来确定。

（4）若干涉条纹亮斑分布不具有圆对称性但具有轴对称性且各亮斑的强度不同时，则通过公式 $|m| = n_2 / 2 + \varepsilon_2$，求得涡旋光束的拓扑荷值，其中，$n_2$ 为强度相同的亮斑个数，ε_2 的值通过干涉图样对称轴上两个光强极大值的比值（两者中的小值除以大值）α_2 来确定。

所述的基于光强分析的分数阶涡旋光束拓扑荷值测量方法，其具体步骤如下：

（1）利用光束分束装置将拓扑荷值为 m 的待测涡旋光束分为两束光，将其中一束光倒置，变为待测光束的共轭光束（其拓扑荷值变为 $-m$）。

（2）待测涡旋光束与其共轭涡旋光束相互干涉，形成的干涉图案在 CCD 相机中成像；然后，储存进计算机。

（3）利用计算机对干涉条纹图进行处理，若干涉条纹图亮条纹分布具有

圆对称性，则利用公式 $|m| = n_0/2$，求得涡旋光束的拓扑荷值，其中，m 为拓扑荷值，n 为亮斑个数。

（4）若干涉条纹亮斑分布不具有圆对称性但具有轴对称性且各个亮斑的强度相同，则通过公式 $|m| = n_1/2 + \varepsilon_1$，求得涡旋光束的拓扑荷值，其中，$n_1$ 为亮斑个数，ε_1 的值通过干涉图样对称轴上两个光强极大值的比值（两者中的小值除以大值）α_1 来确定。

（5）在步骤（4）条件下，若 $\alpha_2 = 0.9$（相对误差＜10%），则 $\varepsilon_2 = 0.4$，此时待测光束的拓扑荷值为 $|m| = n_2/2 + 0.4$。

（6）在步骤（4）条件下，若 $\alpha_2 = 0.655$（相对误差＜10%），此时待测光束的拓扑荷值为 $|m| = n_1/2 + 0.2$。

（7）在步骤（4）条件下，若 $\alpha_1 = 0.346$（相对误差＜10%），则 $\varepsilon_1 = 0.3$，此时待测光束的拓扑荷值为 $|m| = n_1/2 + 0.3$。

（8）在步骤（4）条件下，若 $\alpha_1 = 0.1$（相对误差＜10%），则 $\varepsilon_1 = 0.4$，此时待测光束的拓扑荷值为 $|m| = n_1/2 + 0.4$。

（9）若干涉条纹亮斑分布不具有圆对称性但具有轴对称性且各亮斑的强度不同时，则通过公式 $|m| = n_2/2 + \varepsilon_2$，求得涡旋光束的拓扑荷值，其中，$n_2$ 为强度相同的亮斑个数，ε_2 的值通过干涉图样对称轴上两个光强极大值的比值（两者中的小值除以大值）α_2 来确定。

（10）在步骤（9）条件下，若 $\alpha_2 = 0.9$（相对误差＜10%），则 $\varepsilon_2 = 0.4$，此时待测光束的拓扑荷值为 $|m| = n_2/2 + 0.4$。

（11）在步骤（9）条件下，若 $\alpha_2 = 0.655$（相对误差＜10%），此时待测光束的拓扑荷值为 $|m| = n_2/2 + 0.3$。

（12）在步骤（9）条件下，若 $\alpha_2 = 0.346$（相对误差＜10%），则 $\varepsilon_2 = 0.2$，此时待测光束的拓扑荷值为 $|m| = n_2/2 + 0.2$。

（13）在步骤（9）条件下，若 $\alpha_2 = 0.1$（相对误差＜10%），则 $\varepsilon_2 = 0.1$，此时待测光束的拓扑荷值为 $|m| = n_2/2 + 0.1$。

（14）最终，利用干涉条纹图的光强分析实现了任意阶（0.1 阶）精度涡旋光束拓扑荷值的测量。

本发明的工作原理是：

假设有一束待测拉盖尔 – 高斯涡旋光束【Phys. Rev. Lett.92，143905（2004）】，其在观察面的复振幅为：

$$E_1(r,\varphi) = \exp\left(-\frac{r^2}{w_0^2}\right) \cdot \left(\frac{r}{w}\right)^{|m|} \cdot \exp\left(im\varphi\right) \qquad (1)$$

其中，w_0 为光束的束腰，m 为涡旋光束的拓扑荷值。其共轭光束为：

$$E_2(r,\varphi) = \exp\left(-\frac{r^2}{w_0^2}\right) \cdot \left(\frac{r}{w}\right)^{|m|} \cdot \exp\left(-im\varphi\right) \qquad (2)$$

两束光在成像平面叠加的复振幅为：

$$E = E_1 + E_2 \qquad (3)$$

由（1）、（2）、（3）式得两束光在成像平面相干叠加的光强为

$$I = E \cdot E^* = \exp\left(-\frac{r^2}{w_0^2}\right) \cdot \left(\frac{2r}{w}\right)^{|m|} \cdot [2 + \cos(2m\varphi)] \qquad (4)$$

分析式（4）可知，该光强图的干涉亮条纹分布在一个圆上。通过分析亮条纹的特点，我们就可以得到涡旋光束的拓扑荷值。最终，该方法可实现任意阶（0.1 阶）精度的拓扑荷值的测量。

与以往技术相比，本发明方法能实现涡旋光束任意阶（0.1 阶）精度拓扑荷值的测量，具有实质性特点和显著进步，可广泛应用于玻色－爱因斯坦凝聚、量子通信、信息编码与传输、粒子囚禁、光镊、光扳手等领域的拓扑荷值测量。

附图说明

下面结合附图 1 对本发明的具体实施方式作进一步详细的说明。

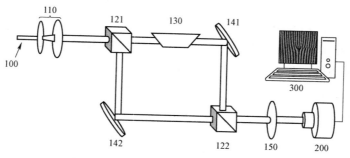

图 1　本发明方法所采用装置的示意图

100—待测涡旋光束；110—准直扩束器；121—分束镜 I；122—分束镜 II；
130—道威棱镜；141—反射镜 I；142—反射镜 II；150—成像透镜；
200—CCD 相机；300—计算机

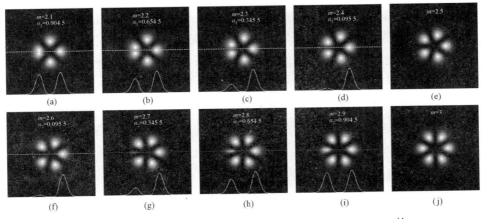

图2　$m=2.1$，2.2，2.3，2.4，2.5，2.6，2.7，2.8，2.9，3.0 的
10 束待测涡旋光束的拓扑荷值的测量结果

具体实施方式

下面结合实施例对本发明作进一步说明。

图 1 为本发明方法采用的装置，该装置采用了改进的马赫－曾德尔干涉光路，待测涡旋光束 100 经准直扩束器 110 扩束后照射在分束镜 I 121 上，分为透射光束和反射光束；透射光束照射在一道威棱镜 130 上，经过道威棱镜 130 后，照射在反射镜 I 141 上，反射后照射在分束镜 II 122 上；反射光束照射在反射镜 II 142 上，反射后照射也在分束镜 II 122 上；透射光束和反射光束经分束镜 II 122 合束后，经成像透镜 150 后在 CCD 相机 200 中干涉成像；CCD 相机 200 记录的干涉条纹图传输进计算机 300 进行处理。

所述的透射光束经道威棱镜 130 后，变成待测涡旋光束的共轭光束；所述的反射光束与待测涡旋光束的特性相同（即拓扑荷值不变）。

在该实施例中，利用本发明的方法，分别对 $m=2.1$，2.2，2.3，2.4，2.5，2.6，2.7，2.8，2.9，3.0 的 10 束待测涡旋光束的拓扑荷值进行了测量，测量结果见图 2。下面结合图 2，对本实施例的测量过程进一步说明。

一种基于光强分析的分数阶涡旋光束拓扑荷值测量方法，其主要是：

（1）将待测涡旋光束与其共轭光束相干涉，记录干涉条纹图。

（2）若干涉条纹图亮条纹分布具有圆对称性，则利用公式 $|m|=n_0/2$，求得涡旋光束的拓扑荷值，其中，m 为拓扑荷值，n 为亮斑个数。

（3）若干涉条纹亮斑分布不具有圆对称性但具有轴对称性且各个亮斑的强度相同，则通过公式 $|m| = n_1/2 + \varepsilon_1$，求得涡旋光束的拓扑荷值，其中，$n_1$ 为亮斑个数，ε_1 的值通过干涉图样对称轴上两个光强极大值的比值（两者中的小值除以大值）α_1 来确定。

（4）若干涉条纹亮斑分布不具有圆对称性但具有轴对称性且各亮斑的强度不同时，则通过公式 $|m| = n_2/2 + \varepsilon_2$，求得涡旋光束的拓扑荷值，其中，$n_2$ 为强度相同的亮斑个数，ε_2 的值通过干涉图样对称轴上两个光强极大值的比值（两者中的小值除以大值）α_2 来确定。

所述的基于光强分析的分数阶涡旋光束拓扑荷值测量方法，其具体步骤如下：

（1）利用光束分束装置将拓扑荷值为 m 的待测涡旋光束分为两束光，将其中一束光倒置，变为待测光束的共轭光束（其拓扑荷值变为 $-m$）。

（2）待测涡旋光束与其共轭涡旋光束相互干涉，形成的干涉图案在 CCD 相机中成像；然后，储存进计算机。

（3）利用计算机对干涉条纹图进行处理，若干涉条纹图亮条纹分布具有圆对称性，则利用公式 $|m| = n_0/2$，求得涡旋光束的拓扑荷值，其中，m 为拓扑荷值，n 为亮斑个数。

（4）若干涉条纹亮斑分布不具有圆对称性但具有轴对称性且各个亮斑的强度相同，则通过公式 $|m| = n_1/2 + \varepsilon_1$，求得涡旋光束的拓扑荷值，其中，$n_1$ 为亮斑个数，ε_1 的值通过干涉图样对称轴上两个光强极大值的比值（两者中的小值除以大值）α_1 来确定。

（5）在步骤（4）条件下，若 $\alpha_2 = 0.9$（相对误差＜10%），则 $\varepsilon_2 = 0.4$，此时待测光束的拓扑荷值为 $|m| = n_2/2 + 0.4$。

（6）在步骤（4）条件下，若 $\alpha_2 = 0.655$（相对误差＜10%），则 $\varepsilon_2 = 0.3$，此时待测光束的拓扑荷值为 $|m| = n_1/2 + 0.2$。

（7）在步骤（4）条件下，若 $\alpha_1 = 0.346$（相对误差＜10%），则 $\varepsilon_1 = 0.3$，此时待测光束的拓扑荷值为 $|m| = n_1/2 + 0.3$。

（8）在步骤（4）条件下，若 $\alpha_1 = 0.1$（相对误差＜10%），则 $\varepsilon_1 = 0.4$，此时待测光束的拓扑荷值为 $|m| = n_1/2 + 0.4$。

（9）若干涉条纹亮斑分布不具有圆对称性但具有轴对称性且各亮斑的强度不同时，则通过公式 $|m| = n_2/2 + \varepsilon_2$，求得涡旋光束的拓扑荷值，其中，$n_2$

为强度相同的亮斑个数，ε_2 的值通过干涉图样对称轴上两个光强极大值的比值（两者中的小值除以大值）α_2 来确定。

（10）在步骤（9）条件下，若 $\alpha_2 = 0.9$（相对误差＜10%），则 $\varepsilon_2 = 0.4$，此时待测光束的拓扑荷值为 $|m| = n_2/2 + 0.4$。

（11）在步骤（9）条件下，若 $\alpha_2 = 0.655$（相对误差＜10%），则 $\varepsilon_2 = 0.3$，此时待测光束的拓扑荷值为 $|m| = n_2/2 + 0.3$。

（12）在步骤（9）条件下，若 $\alpha_2 = 0.346$（相对误差＜10%），则 $\varepsilon_2 = 0.2$，此时待测光束的拓扑荷值为 $|m| = n_2/2 + 0.2$。

（13）在步骤（9）条件下，若 $\alpha_2 = 0.1$（相对误差＜10%），则 $\varepsilon_2 = 0.1$，此时待测光束的拓扑荷值为 $|m| = n_2/2 + 0.1$。

（14）最终，利用干涉条纹图的光强分析实现了任意阶（0.1 阶）精度涡旋光束拓扑荷值的测量。

经实验表明：本发明装置及方法能实现任意阶（0.1 阶）涡旋光束拓扑荷值的测量，与现有测量方法相比，测试精度提高了一个数量级；并且具有光路简洁、快速、准确的特点。

附录 8　基于六角星孔衍射的涡旋光束拓扑荷值测量方法

发明名称：基于六角星孔衍射的涡旋光束拓扑荷值测量方法

发明专利号：ZL 201510851245. X

发明人：李新忠等

技术领域

本发明涉及一种涡旋光束拓扑荷值的测量方法，具体的说涉及一种基于六角星孔夫琅禾费衍射图案的模板比对法来实现涡旋光束拓扑荷值的测量方法。

背景技术

自从 Nye 和 Berry 发表了关于相位奇点的文章后，光学涡旋吸引了很多人的注意。光学涡旋在许多不同的研究领域如量子信息编码，粒子的微操纵，光束打结，图像处理及其他领域有重要的应用。一个光学涡旋拥有独特的螺旋相位 $\exp(jm\theta)$，且每个光子携带 $m\hbar$ 的轨道角动量，其中 m 是涡旋光束的拓扑荷值。在研究涡旋光束特性及应用时，对生成的涡旋光束的拓扑荷值进行精确测量是该领域首先需要解决的问题。

从目前研究看，涡旋光束拓扑荷值的测量主要分为干涉测量和衍射测量。比较典型的干涉测量方法是基于马赫-增德尔干涉光路的干涉条纹数测量，这种方法可以测量大拓扑荷值的涡旋光束【Optics Communications 334，235（2015）】；而比较突出的衍射测量方法是利用三角孔衍射图亮点来判断涡旋光束拓扑荷值的大小【PRL 105，053904（2010）】。但这两种方法都是通过数干涉/衍射条纹数测量来实现，对测试者的光路调节水平要求很高，极易引起误判，而导致对拓扑荷值的测量错误。因此，发展一种涡旋光束拓扑荷值快速、简易测量方法是本领域面临的一个技术难题。

发明内容

为解决上述技术问题，提供一种涡旋光束拓扑荷值快速、简易测量方法，本发明提出了一种基于六角星孔衍射的涡旋光束拓扑荷值测量方法。

本发明的技术解决方案如下：

一种基于六角星孔衍射的涡旋光束拓扑荷值测量装置，包括一连续波激光器，该连续波激光器发出的光束照射在准直扩束器上，扩束后的光束经起偏器后变成线偏振光，然后照射在分束镜上。

经过分束镜后，光束被分为两束，一路为反射光，一路为透射光；所述的反射光束照射在反射式空间光调制器上，经反射式空间光调制器反射后的光束再次经过分束镜、检偏器后照射在光阑上。

经过光阑后的光束照射在透射式空间光调制器上，经成像透镜会聚后在 CCD 相机中成像；然后存储进计算机进行后续处理。

所述的反射式空间光调制器、透射式空间光调制器、CCD 相机与计算机相连；所述的反射式空间光调制器用于产生涡旋光束；所述的透射式空间光调制器写入六角星孔，作为衍射物体；所述的起偏器和检偏器用于调节涡旋光束的光束质量；所述的光阑的作用是选择反射式空间光调制器衍射光场的一级衍射光束；所述的成像透镜与透射式空间光调制器间及 CCD 相机间的距离均为其焦距。

一种基于六角星孔衍射的涡旋光束拓扑荷值测量方法，步骤如下：

步骤一、生成六角星孔；该六角星孔由两个方向相反、有共同中心的正三角形孔叠加而成，其重叠区域不透光；如图 2 所示；两个三角孔的中心位于 x_0y_0 区域内的坐标原点处；上三角形孔径的透过率函数为：

$$t_1(x_0, y_0) = \begin{cases} 1, & \left[-\dfrac{a}{2} \leq x_0 \leq 0, 0 \leq y_0 \leq \left(x_0 + \dfrac{a}{2} \right) \cdot \sqrt{3} \right] \\ & \& \left[0 \leq x_0 \leq \dfrac{a}{2}, 0 \leq y_0 \leq \left(\dfrac{a}{2} - x_0 \right) \cdot \sqrt{3} \right] \\ 0, & \text{elsewhere} \end{cases} \quad (1)$$

其中 a 是边长。下三角孔径的边长是 b 用虚线表示。向下翻转 t_1 可得到其表达式：

$$t_2(x_0, y_0) = \text{flipud}\,[t_1(x_0, y_0)] \quad (2)$$

t_2 中的边长是用 b 来代替原来的 a；本发明中，$b = a$；然后叠加得到六角星孔，其透过率函数为：

$$t(x_0, y_0) = [t_1(x_0, y_0) \bigcup t_2(x_0, y_0)] - [t_1(x_0, y_0) \bigcap t_2(x_0, y_0)] \quad (3)$$

利用计算机得到六角星孔图像，如附图 3 所示。

步骤二、利用计算机模拟出涡旋光束，涡旋光束光场的极坐标表达式为：

$$E(r, \theta) = A \cdot \exp(\mathrm{j}m\theta) \quad (4)$$

其中，A 为光场振幅，令其为 1；j 为虚数单位，m 为拓扑荷值，m 取整数。

步骤三、利用计算机模拟涡旋光束经过六角星孔的夫琅禾费衍射光强图，存入计算机作为对比模板；通过改变 m 数值，可以获得不同拓扑荷值涡旋光束的夫琅禾费衍射光强图。

步骤四、利用公式（4），基于计算全息法，利用透射式空间光调制器产生实际涡旋光束。

步骤五、利用计算机将六角星孔图像写入透射式空间光调制器，透射式空间光调制器作为衍射屏。

步骤六、打开连续波激光器电源，该连续波激光器发出的光束照射在准直扩束器上，扩束后的光束经起偏器后变成线偏振光，然后照射在分束镜上；经过分束镜后，光束被分为两束，一路为反射光，一路为透射光；所述的反射光束照射在反射式空间光调制器上，经反射式空间光调制器反射后经过分束镜、检偏器后照射在光阑上；所述的光阑的作用是选择反射式空间光调制器衍射光场的一级衍射光束作为涡旋光束；该涡旋光束为待测拓扑荷值涡旋光束；该涡旋光束照射在透射式空间光调制器（写有六角星孔的衍射物体）上，其夫琅禾费衍射光强图通过 CCD 相机记录后的图像存储进计算机。

步骤七、将步骤六中获得的涡旋光束的六角星孔夫琅禾费衍射图与步骤四中的对比模板进行对比，获得待测涡旋光束的拓扑荷值 m。

有益效果：与以往技术相比，本发明方法能够对涡旋光束的拓扑荷值进行快速、准确测量；具有原理简洁、快速高效的优点；本发明可广泛引用于涡旋光束测试及光镊等领域。

附图说明

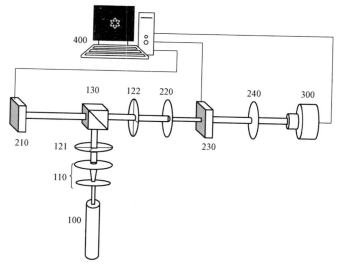

图 1　本发明的装置原理图

100—激光器；110—扩束器；121—起偏器；122—检偏器；130—分束镜；210—反射式空间光调制器；
220—光阑；230—透射式空间光调制器；240—成像透镜；300—CCD 相机；400—计算机

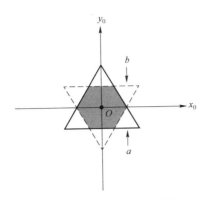

图 2　生成六角星孔的原理图

图 3　计算机模拟得到的六角星孔图像

图 4　涡旋光束经图 3 的六角星孔夫琅禾费衍射光强模板图
（图中五幅子图从左至右分别为拓扑荷值 m＝1，2，3，4，5 的衍射光强模板图）

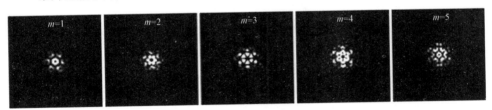

图 5　实验记录的五幅涡旋光束的六角星孔夫琅禾费衍射图
（测试结果为从左至右其拓扑荷值分别为 m＝1，2，3，4，5）

具体实施方式

下面结合实例对本发明作进一步说明。

如图 1 所示，一种基于六角星孔衍射的涡旋光束拓扑荷值测量装置，包括一连续波激光器 100，该实施例中连续波激光器 100 选择波长为 632.8 nm，功率为 3 mW 的激光器；该连续波激光器 100 发出的光束照射在准直扩束器 110 上，扩束后的光束经起偏器 121 后变成线偏振光，然后照射在分束镜 130 上；

经过分束镜 130 后，光束被分为两束，一路为反射光，一路为透射光；

159

所述的反射光束照射在反射式空间光调制器 210 上，经反射式空间光调制器 210 反射后的光束再次经过分束镜 130、检偏器 122 后照射在光阑 220 上。

经过光阑 220 后的光束照射在透射式空间光调制器 230 上，经成像透镜 240 会聚后在 CCD 相机 300 中成像；然后存储进计算机 400 进行后续处理。

所述的反射式空间光调制器 210、透射式空间光调制器 230、CCD 相机 300 与计算机 400 相连；所述的反射式空间光调制器 210 用于产生涡旋光束；所述的透射式空间光调制器 230 写入六角星孔，作为衍射物体；所述的起偏器 121 和检偏器 122 用于调节涡旋光束的光束质量；所述的光阑的作用是选择反射式空间光调制器 210 衍射光场的一级衍射光束；所述的成像透镜 240 与透射式空间光调制器 230 间及 CCD 相机 300 间的距离均为其焦距。

一种基于六角星孔衍射的涡旋光束拓扑荷值测量方法，步骤如下：

步骤一、生成六角星孔；该六角星孔由两个方向相反、有共同中心的正三角形孔叠加而成，其重叠区域不透光；其原理图如图 2 所示；两个三角孔的中心位于 $x_0 y_0$ 区域内的坐标原点处；上三角形孔径的透过率函数为：

$$t_1(x_0, y_0) = \begin{cases} 1, & \left[-\dfrac{a}{2} \leqslant x_0 \leqslant 0, 0 \leqslant y_0 \leqslant \left(x_0 + \dfrac{a}{2}\right) \cdot \sqrt{3}\right] \\ & \& \left[0 \leqslant x_0 \leqslant \dfrac{a}{2}, 0 \leqslant y_0 \leqslant \left(\dfrac{a}{2} - x_0\right) \cdot \sqrt{3}\right] \\ 0, & \text{elsewhere} \end{cases} \quad (1)$$

其中 a 是边长。下三角孔径的的边长是 b 用虚线表示。向下翻转 t_1 可得到其表达式：

$$t_2(x_0, y_0) = \text{flipud}[t_1(x_0, y_0)] \quad (2)$$

t_2 中的边长是用 b 来代替原来的 a；本发明中，$b = a$；然后叠加得到六角星孔，其透过率函数为：

$$t(x_0, y_0) = [t_1(x_0, y_0) \bigcup t_2(x_0, y_0)] - [t_1(x_0, y_0) \bigcap t_2(x_0, y_0)] \quad (3)$$

利用计算机 400 得到六角星孔图像，如图 3 所示；

步骤二、利用计算机 400 模拟出涡旋光束，涡旋光束光场的极坐标表达式为：

$$E(r, \theta) = A \cdot \exp(jm\theta) \quad (4)$$

其中，A 为光场振幅，令其为 1；j 为虚数单位，m 为拓扑荷值，m 取整数。

步骤三、利用计算机 400 模拟涡旋光束经过六角星孔的夫琅禾费衍射光强图，存入计算机 400 作为对比模板；通过改变 m 数值，可以获得不同拓扑荷值涡旋光束的夫琅禾费衍射光强图；图 4 为涡旋光束经图 3 的六角星孔夫琅禾费衍射光强模板图，图中 5 幅子图分别为拓扑荷值 $m=1$，2，3，4，5 的衍射光强模板。

步骤四、利用式（4），基于计算全息法，利用透射式空间光调制器 210 产生实际涡旋光束。

步骤五、利用计算机 400 将六角星孔图像写入透射式空间光调制器 230，透射式空间光调制器 230 作为衍射物体。

步骤六、打开连续波激光器 100 电源，该连续波激光器 100 发出的光束照射在准直扩束器 110 上，扩束后的光束经起偏器 121 后变成线偏振光，然后照射在分束镜 130 上；经过分束镜 130 后，光束被分为两束，一路为反射光，一路为透射光；所述的反射光束照射在反射式空间光调制器 210 上，经反射式空间光调制器 210 反射后经过分束镜 130、检偏器 122 后照射在光阑 220 上；所述的光阑 220 的作用是选择反射式空间光调制器 210 衍射光场的一级衍射光束作为涡旋光束；该涡旋光束为待测拓扑荷值涡旋光束；该涡旋光束照射在透射式空间光调制器 230（写有六角星孔的衍射物体）上，其夫琅禾费衍射光强图通过 CCD 相机 300 记录后的图像存储进计算机 400。

步骤七、将步骤六中获得的涡旋光束的六角星孔夫琅禾费衍射图与步骤四中的对比模板进行对比，获得待测涡旋光束的拓扑荷值 m；图 5 是实验记录的五幅涡旋光束的六角星孔夫琅禾费衍射图，与图 4 的模板进行比对，可快速确定其拓扑荷值从左至右分别为 $m=1$，2，3，4，5。

经实验表明：本发明方法能快速、准确测量涡旋光束的拓扑和值，并且具有简单、易于操作的优点。

附录9　基于光强分析的完美涡旋光束拓扑荷值的测量装置及方法

发明名称：基于光强分析的完美涡旋光束拓扑荷值的测量装置及方法

发明专利号：ZL 201610030465.0

发明人：李新忠等

技术领域

本发明涉及微粒光操纵和光学测试领域，具体地说是一种基于光强分析的完美涡旋光束拓扑荷值的测量装置及测量方法。

背景技术

完美涡旋光束在磁环光纤激发轨道角动量模式、光学诱捕、操纵微小粒子、光镊及光扳手等方面有着广泛的应用。2013 年，Andrey S. Ostrovsky 等人提出了完美涡旋的概念，该涡旋光束亮环半径不依赖于拓扑荷值【Opt. Lett. 38，534，2013】，但该方法伴随完美涡旋光束均会产生额外的杂散光环。2015 年，Pravin Vaity 等通过对贝塞尔 – 高斯光束做傅里叶变换，从而获得无额外光环的整数阶完美涡旋【Opt. Lett.，40，597，2015】。涡旋光束的拓扑荷值携带光信息量、且能提供更精细化的微粒操作，成为涡旋光学领域众多研究者竞相研究的热点课题。

涡旋光束的测量方法主要有干涉测量和衍射测量。其中，P. Vaity 利用倾斜双凸镜迈克尔逊干涉光路测量了整数阶涡旋【Opt. Lett. 37，1301，2012】，通过数干涉亮条纹数量可测量拓扑荷值为 14 以内的涡旋光束；而典型的衍射测量方法有三角孔衍射法，该方法可测量 7 以内的拓扑荷值【Opt. Lett. 36，787，2011】。

以上研究都是对涡旋光束拓扑荷值的测量。而完美涡旋光束亮环半径不依赖于拓扑荷值，因此如何使用简便有效的实验装置测量完美涡旋光束任意整数阶拓扑荷值的是该领域面临的一个亟待解决的难题。

发明内容

本发明解决了上述技术问题的不足，提供一种测量完美涡旋光束拓扑荷值的装置及方法，该方法通过利用傅里叶变换的平移性进而省去外部干涉光学元件（道威棱镜及相应辅助元件），可以简便的测量完美涡旋光束任意整数阶拓扑荷值。

本发明为解决上述技术问题所采用的技术方案是：基于光强分析的完美涡旋光束拓扑荷值的测量装置，包括一连续波激光器；所述连续波激光器发出光束的前进方向设有针孔滤波器，经针孔滤波器后的光束前进方向依次设有凸透镜Ⅰ、小孔光阑Ⅰ，起偏器和反射式空间光调制器，经反射式空间光调制器反射后产生的光束，其前进方向上依次设有检偏器、小孔光阑Ⅱ、凸透镜Ⅱ和 CCD 相机，通过相位补偿使空间光调制器中黑栅产生的衍射正负一级在 CCD 相机中干涉成像，其干涉条纹图像传输到计算机进行处理。

所述的反射式空间光调制器、CCD 相机分别与计算机连接；所述的针孔滤波器与凸透镜Ⅰ间的距离为凸透镜Ⅰ的焦距；所述的反射式空间光调制器置于凸透镜Ⅱ的前焦平面上；所述的 CCD 相机置于凸透镜Ⅱ的后焦平面上。

利用光强分析的涡旋光束拓扑荷值测量装置的测量方法，包括以下步骤：

步骤一、利用计算全息技术，通过对经过锥透镜的涡旋光束进行相位调制，与平面波干涉形成光强图写入反射式空间光调制器中；具体过程如下：

平面波的电场表示为：

$$E_p = E_0 \exp(-\mathrm{i}kz)$$

其中，E_0 表示振幅强度，k 表示波数，z 表示传播距离；

垂直入射到锥透镜上的涡旋光束的电场表示为：

$$E_0(r,\theta) = A_0 \left(\frac{r^2}{w_0^2}\right)^{\left|\frac{m}{2}\right|} \times \exp\left(\frac{-r^2}{w_0^2}\right) \times \exp(\mathrm{j}m\theta)$$

其中，A_0 为振幅常数，w_0 为束腰半径，m 为拓扑荷值，取整数；j 为虚数单位。

锥透镜的复振幅透过率函数为：

$$t(r) = \begin{cases} \exp[-\mathrm{j}k(n-1)r\alpha], & (r \le R) \\ 0, & (r > R) \end{cases}$$

式中，n 为锥透镜材料折射率，α 为锥透镜的锥角；k 为波数，R 为锥透镜光瞳半径。

涡旋光束经过锥透镜后与平面波干涉并进行相移后的复振幅分布为：

$$E_1 = E_0(r,\theta) * t(r) * \exp\left(2\pi\mathrm{j}\frac{200x_0}{N}\right) + E_p;$$

将 E_1 的光强图写入空间光调制器中。

步骤二、打开连续波激光器的电源，连续波激光器发出的光束进入针孔滤波器，然后经凸透镜 I 准直，准直后的光束经小孔光阑 I、起偏器后变为线偏振光，照射在反射式空间光调制器上。

步骤三、照射在反射式空间光调制器上的光束用来衍射再现贝塞尔－高斯光束；衍射再现的贝塞尔－高斯光束经过检偏器及小孔光阑 II 后，照射在凸透镜 II 上进行傅里叶变换生成完美涡旋光束。

步骤四、所述的完美涡旋光束在 CCD 相机中成像后，通过调节相移因子，使得由计算全息技术衍射生成的正负一级完美涡旋进行干涉。利用计算机对干涉图样进行后续分析。

步骤五、由干涉图样分析可知：干涉的螺旋亮条纹分布具有圆对称性，则利用公式 $m = n/2$，求得涡旋光束的拓扑荷值，其中，m 为拓扑荷值，n 为螺旋亮条纹个数。

有益效果：与现有技术相比，本发明不需要对光进行分束，且省去外部干涉光学元件（道威棱镜及相应辅助元件），简化了光路；实现整数阶涡旋光束拓扑荷值的测量；本发明装置具有原理简洁、成本低廉、参数可实时在线调节且易于操作等优点。

附图说明

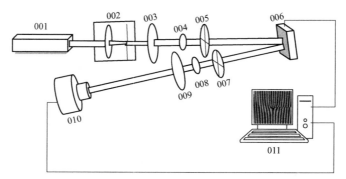

图 1　本发明完美涡旋光束产生装置的装置原理图

001—激光器；002—针孔滤波器；003—凸透镜 I；004—小孔光阑 I；

005—起偏器；006—反射式空间光调制器；007—检偏器；008—小孔光阑 II；

009—凸透镜 II；010—CCD 相机；011—计算机

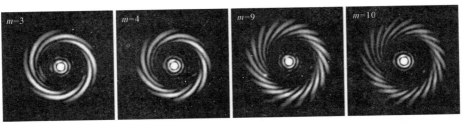

图 2　计算机记录的拓扑荷值分别为 3、4、9、10 的完美涡旋光束
正负 1 级干涉强度图（中间亮点为衍射零级亮斑）

具体实施方式

如图 1 所示，基于光强分析的完美涡旋光束拓扑荷值的测量装置，包括一连续波激光器 001；所述连续波激光器 001 发出光束的前进方向设有针孔滤波器 002，经针孔滤波器 002 后的光束前进方向依次设有凸透镜 I 003、小孔光阑 I 004，起偏器 005 和反射式空间光调制器 006，经反射式空间光调制器 006 反射后产生的光束，其前进方向上依次设有检偏器 007、小孔光阑 II 008、凸透镜 II 009 和 CCD 相机 010，通过相位补偿使空间光调制器 006 中黑栅产生的衍射正负一级在 CCD 相机 010 中干涉成像，其干涉条纹图像传输到计算机 011 进行处理。

所述的反射式空间光调制器 006、CCD 相机 010 分别与计算机 011 连接；所述的针孔滤波器 002 与凸透镜 I 003 间的距离为凸透镜 I 003 的焦距；所述的反射式空间光调制器 006 置于凸透镜 II 009 的前焦平面上；所述的 CCD 相机 010 置于凸透镜 II 009 的后焦平面上。

利用光强分析的涡旋光束拓扑荷值测量装置的测量方法，包括以下步骤：

步骤一、利用计算全息技术，通过对经过锥透镜的涡旋光束进行相位调制，与平面波干涉形成光强图写入反射式空间光调制器 006 中。具体过程如下：

平面波的电场表示为：

$$E_p = E_0 \exp(-\mathrm{i}kz)$$

其中，E_0 表示振幅强度，k 表示波数，z 表示传播距离。

垂直入射到锥透镜上的涡旋光束的电场表示为：

$$E_0(r,\theta) = A_0 \left(\frac{r^2}{w_0^2}\right)^{\left|\frac{m}{2}\right|} \times \exp\left(\frac{-r^2}{w_0^2}\right) \times \exp\left(jm\theta\right)$$

其中，A_0 为振幅常数，w_0 为束腰半径，m 为拓扑荷值，取整数；j 为虚数单位。

锥透镜的复振幅透过率函数为：

$$t(r) = \begin{cases} \exp\left[-jk(n-1)r\alpha\right], & (r \leqslant R) \\ 0, & (r > R) \end{cases}$$

式中，n 为锥透镜材料折射率，α 为锥透镜的锥角；k 为波数，R 为锥透镜光瞳半径。

涡旋光束经过锥透镜后与平面波干涉并进行相移后的复振幅分布为：

$$E_1 = E_0(r,\theta) * t(r) * \exp\left(2\pi j \frac{200x_0}{N}\right) + E_p;$$

将 E_1 的光强图写入空间光调制器 006 中。

步骤二、打开连续波激光器 001 的电源，连续波激光器 001 发出的光束进入针孔滤波器 002，然后经凸透镜 Ⅰ 003 准直，准直后的光束经小孔光阑 Ⅰ 004、起偏器 005 后变为线偏振光，照射在反射式空间光调制器 006 上。

步骤三、照射在反射式空间光调制器 006 上的光束用来衍射再现贝塞尔-高斯光束；衍射再现的贝塞尔-高斯光束经过检偏器 007 及小孔光阑 Ⅱ 008 后，照射在凸透镜 Ⅱ 009 上进行傅里叶变换生成完美涡旋光束。

步骤四、所述的完美涡旋光束在 CCD 相机 010 中成像后，通过调节相移因子，使得由计算全息技术衍射生成的正负一级完美涡旋进行干涉。利用计算机 011 对干涉图样进行后续分析。

步骤五、由干涉图样分析可知：干涉的螺旋亮条纹分布具有圆对称性，则利用公式 $m=n/2$ 求得涡旋光束的拓扑荷值，其中，m 为拓扑荷值，n 为螺旋亮条纹个数。

实施例

如图 1 所示，基于光强分析的完美涡旋光束拓扑荷值的测量装置，包括一连续波激光器 001，该实施例中连续波激光器 001 选择波长为 534 nm，功率为 50 mW 的固体激光器；该连续波激光器 001 发出的光束进入针孔滤波器 002，然后经凸透镜 I 003 准直，准直后的光束经小孔光阑 I 004、起偏器 005 后变为线偏振光，照射在反射式空间光调制器 006 上。

经反射式空间光调制器 006 反射后产生的光束，其前进方向上依次设有检偏器 007、小孔光阑 II 008、凸透镜 II 009 和 CCD 相机 010，通过相位补偿使空间光调制器 006 中黑栅产生的衍射正负一级在 CCD 相机 010 中干涉成像，其干涉条纹图像传输到计算机 011 进行处理。

所述的反射式空间光调制器 006、CCD 相机 010 分别与计算机 011 连接；所述的针孔滤波器 002 与凸透镜 I 003 间的距离为凸透镜 I 003 的焦距；所述的反射式空间光调制器 006 置于凸透镜 II 009 的前焦平面上；所述的 CCD 相机 010 置于凸透镜 II 009 的后焦平面上。

利用光强分析的涡旋光束拓扑荷值测量装置的测量方法，包括以下步骤：

步骤一、利用计算全息技术，通过对经过锥透镜的涡旋光束进行相位调制，与平面波干涉形成光强图写入反射式空间光调制器 006 中。具体过程如下：

平面波的电场表示为：

$$E_p = E_0 \exp(-\mathrm{i}kz)$$

其中，E_0 表示振幅强度，k 表示波数，z 表示传播距离。

垂直入射到锥透镜上的涡旋光束的电场表示为：

$$E_0(r,\theta) = A_0 \left(\frac{r^2}{w_0{}^2} \right)^{\left| \frac{m}{2} \right|} \times \exp\left(\frac{-r^2}{w_0^2} \right) \times \exp(jm\theta)$$

其中，A_0 为振幅常数，w_0 为束腰半径，m 为拓扑荷值，取整数；j 为虚数单位。

锥透镜的复振幅透过率函数为：

$$t(r) = \begin{cases} \exp[-jk(n-1)r\alpha], & (r \le R) \\ 0, & (r > R) \end{cases}$$

式中，n 为锥透镜材料折射率，α 为锥透镜的锥角；k 为波数，R 为锥透镜光瞳半径。

涡旋光束经过锥透镜后与平面波干涉并进行相移后的复振幅分布为：

$$E_1 = E_0(r,\theta) * t(r) * \exp\left(2\pi j \frac{200x_0}{N} \right) + E_p$$

将 E_1 的光强图写入空间光调制器 006 中。

步骤二、打开连续波激光器 001 的电源，连续波激光器 001 发出的光束进入针孔滤波器 002，然后经凸透镜 I 003 准直，准直后的光束经小孔光阑 I 004、起偏器 005 后变为线偏振光，照射在反射式空间光调制器 006 上。

步骤三、照射在反射式空间光调制器 006 上的光束用来衍射再现贝塞尔–高斯光束；衍射再现的贝塞尔–高斯光束经过检偏器 007 及小孔光阑 II 008 后，照射在凸透镜 II 009 上进行傅里叶变换生成完美涡旋光束。

步骤四、所述的完美涡旋光束在 CCD 相机 010 中成像后，通过调节相移因子，使得由计算全息技术衍射生成的正负一级完美涡旋进行干涉。利用计算机 011 对干涉图样进行后续分析。

步骤五、由干涉图样分析可知：干涉的螺旋亮条纹分布具有圆对称性，则利用公式 $m=n/2$，求得涡旋光束的拓扑荷值，其中，m 为拓扑荷值，n 为螺旋亮条纹个数；图 2 为实验得到的预设拓扑荷值分别为 3、4、9、10 正负一级完美涡旋干涉实验图，通过数图中的螺旋形亮条纹，其亮条纹数分别为 6、8、18、20，代入公式 $m=n/2$ 求得拓扑荷值为 3、4、9、10，从而验证了该方法可以实现整数阶完美涡旋光束拓扑荷值的测量。

本发明不需要对光进行分束，且省去外部干涉光学元件（道威棱镜及相应辅助元件），简化了光路；实现整数阶涡旋光束拓扑荷值的测量；本发明装置具有原理简洁、成本低廉、参数可实时在线调节且易于操作等优点。

附录 10　可传输吞吐微粒的椭圆光学传送带光束掩模版的设计方法

发明名称：可传输吞吐微粒的椭圆光学传送带光束掩模版的设计方法
发明专利号：ZL 201810066871.1
发明人：李新忠等

技术领域

本发明涉及微粒光操纵领域，具体地说是一种可传输吞吐微粒的椭圆光学传送带光束掩模版的设计方法。

背景技术

随着涡旋光束的提出，关于涡旋光束的产生、调控、表征及应用得到了广大研究者们的关注。通过对涡旋光束的调控可以产生出多种多样的空间结构光场，这些新型光场表现出了一系列新颖的物理效应及现象，如灵巧光操控、特殊微结构等领域有着广泛的用途。

然而，由于每种光场往往有固定的操控模式，因此光场结构多样化的研究具有重要的意义。近年来，相继研究并提出了多种结构的空间光场。关于方阵结构，2008 年使用因斯高斯光束叠加生成一种方形涡旋阵列【Opt. Express，vol. 16，no. 24，pp. 19934－19949，Nov. 2008.】。2013 年，同一个课题组验证了该涡旋阵列适用于粒子的多光阱捕获【Opt. Express，vol. 21，no. 22，pp. 26418－26431，Oct. 2013.】。关于，环形结构，2007 年提出了一种光学摩天轮结构，该结构在微操控领域可以捕获超冷原子，但是其可调性比较弱【Opt. Express，vol. 15，no. 14，pp. 8619－8625，Jun. 2007】。针对该问题，2017 年，提出了一种可调的光学摩天轮，可以对微粒实现一个圆环上的多种精确控制【Ann. Phys.（Berlin），vol. 529, no. 12, pp. 1700285, Dec. 2017】。然而目前还尚未出现适用于超冷原子的椭圆环形捕获的光束。

此外，对于传统的光学摩天轮，其每一个粒子携带单元（暗核）都是封闭的。对于超冷原子及金属颗粒来说，其光强较大处为一个能量壁垒，阻止环外颗粒接近【光学学报，vol. 36，no. 10，pp. 1026004，Oct. 2016】。这使得传统光学摩天轮对微粒的捕获十分困难。

因此，在微操控领域中，尚缺少一种可传输吞吐微粒的椭圆光学传送带光束，用以实现微粒椭圆结构上的稳定捕获以及传送。

发明内容

本发明的目的是为解决上述技术问题的不足，提供了一种可传输吞吐微粒的椭圆光学传送带光束掩模版的设计方法，并使用该掩模版产生可传输吞吐微粒的椭圆光学传送带光束。在微操控领域具有非常重要的应用价值，本方案用光学手段构造了一种椭圆形光学传送带，避免了繁杂的机械手段，因而在微操控领域具有非常重要的应用价值。

本发明所采用的技术方案是：可传输吞吐微粒的椭圆光学传送带光束掩模版的设计方法，该掩模版的复振幅透过率函数 t 的表达式为

$$t(\rho,\varphi) = \text{circ}(\rho < P)\{\exp[i(k(\alpha + \Delta\alpha)\rho + l\varphi)]\exp(i\theta) + \exp[i(k\alpha\rho - \text{int}(l)\varphi)]\}$$

其中，(ρ,φ) 为一个椭圆坐标系，其与直角坐标系 (x,y) 的变换关系定义为 $Mx = \rho\cos(\varphi)$，$y = \rho\sin(\varphi)$，M 为一个常数，控制所述的椭圆光学传送带离心率；circ $(\rho < P)$ 为一个椭圆形光阑，用以均衡所提出的可传输吞吐微粒的椭圆光学传送带光束横纵两方向的能量，P 为椭圆光阑的边界条件的径向椭圆变量；i 为虚数单位；k 为所提出可传输吞吐微粒的椭圆光学传送带光束的波数；α 为椭圆光学传送带径向缩放参数；$\Delta\alpha$ 为两个变形后的椭圆环形因子的径向差值，用以控制所提出的椭圆光学传送带光束的形成条件；l 为所提出的椭圆光学传送带光束的角向调节因子，其取值范围为半整数，传送带携带微粒单元数量 $N = 2\text{int}(l)$，int $(\cdot)$ 为取整函数；θ 为所提出的椭圆光学传送带光束的传送因子，用以控制传送带携带微粒单元沿着传送带移动。

将上述的掩模版的复振幅透过率函数 t 取角向后叠加闪耀光栅即可得到可传输吞吐微粒的椭圆光学传送带光束掩模版 T，掩模版 T 的表达式为 $T = \text{rem}(\text{angle}(t) + BG, 2\pi)$，其中，rem $(\cdot)$ 是求余函数，BG 是闪耀光栅。

进一步优化本方案，所述的掩模版复振幅透过率函数 t 的设计过程为：结合两个变形后的椭圆环形因子，将两个椭圆环形因子干涉叠加后，引入一个大小为 π 的相位阶跃，用以形成微粒吞吐的缺口，得到掩模版复振幅透过率函数 t。

进一步优化本方案，所述的闪耀光栅为建立在椭圆坐标系下周期为 D 的闪耀光栅，其表达式为

$$BG = \text{angle}\left(\exp\left(\frac{i2\pi x}{D}\right)\right)$$

此外，本方案中还提供了利用上述设计方法制得的掩模版产生可传输吞吐微粒的椭圆光学传送带光束的方法，具体为：将掩模版 T 输入空间光调制器，使用平面波照射，即可在空间光调制器的远场产生可传输吞吐微粒的椭

圆光学传送带光束。

本发明的有益效果是：

本发明所设计的掩模版可以实现在该掩模版远场产生一种可传输吞吐微粒的椭圆光学传送带光束。其传送带携带微粒单元（暗核）数量角向调节因子 l 控制；传送带运动由传送因子 θ 控制，传送因子 θ 的正负控制着传送带的传送方向。此外，该传送带其中一端光强有一个开口，通过调控传送因子 θ，可依次使每一个携带微粒单元移动到开口处，处于开放状态，配合微流辅助等操作，可进行微粒的吞吐，形成稳定的捕获。因而在微操控领域中具有非常重要的应用前景。

附图说明

为了更清楚地说明发明实施例或现有技术中的技术方案，下面将对实施例或现有技术描述中所需要使用的附图作简单地介绍，显而易见地，下面描述中的附图仅仅是发明的一些实施例，对于本领域普通技术人员来讲，在不付出创造性劳动的前提下，还可以根据这些附图获得其他的附图。

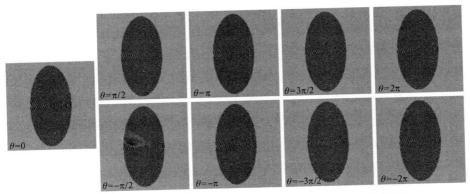

图 1 本发明产生可传输吞吐微粒的椭圆光学传送带光束掩模版
（图片第一行椭圆光学传送带传送因子 θ 的取值分别为 0 每隔 π/2 取到 2π；
图片第二行椭圆光学传送带传送因子 θ 的取值分别为 0 每隔 −π/2 取到 −2π。）

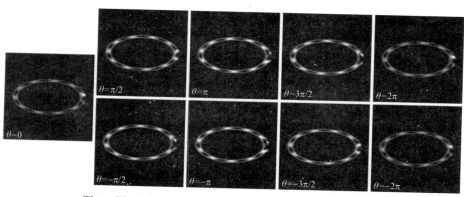

图 2　图 1 中所展示的掩模版生成的椭圆光学传送带光束

具体实施方式

为使本发明实现的技术手段、创作特征、达成目的以及有益效果易于明白了解，下面结合具体实施方式，进一步阐述本发明。

图 1 是本发明产生的可传输吞吐微粒的椭圆光学传送带光束实施例的掩模版，其复透过率函数具体表达式为：

$$t(\rho,\varphi) = \text{circ}\,(\rho < P)\{\exp[i\,(k(\alpha + \Delta\alpha)\rho + l\varphi)]\exp(i\theta) + \exp[i\,(k\alpha\rho - \text{int}\,(l)\varphi)]\}$$

其中，(ρ,φ) 为一个椭圆坐标系，其与直角坐标系 (x,y) 的变换关系定义为 $Mx = \rho\cos(\varphi)$，$y = \rho\sin(\varphi)$，M 为一个常数，控制所述的椭圆光学传送带离心率（具体实施方式取值为 2）；circ（$\rho < P$）描述了一个椭圆形光阑，用以均衡所提出的可传输吞吐微粒的椭圆光学传送带光束横纵两方向的能量，P 为椭圆光阑的边界条件的径向椭圆变量，具体实施方式中取值为 1.88 mm；i 为虚数单位；k 为所提出可传输吞吐微粒的椭圆光学传送带光束的波数；α 为椭圆光学传送带径向缩放参数（具体实施方式取值为 15）；$\Delta\alpha$ 为两个变形后的椭圆环形因子的径向差值（具体实施方式取值为 1.5），用以控制所提出的椭圆光学传送带光束的形成条件；l 为所提出的椭圆光学传送带光束的角向调节因子，其取值范围为半整数（具体实施方式取值为 5.5），l 的小数部分即为产生相位阶跃的原因，传送带携带微粒单元（暗核）数量 $N = 2\text{int}\,(l)$，int（•）为取整函数；θ 为所提出的椭圆光学传送带光束的传送因子，用以控制传送带携带微粒单元沿着传送带移动。

上述掩模版复振幅透过率函数 t 的设计过程为：结合两个变形后的椭圆环

形因子，将两个椭圆环形因子干涉叠加后，引入一个大小为 π 的相位阶跃，用以形成微粒吞吐的缺口，得到掩模版复振幅透过率函数 t。

将上述的掩模版复振幅透过率函数 t 取角向后叠加闪耀光栅即可得到所述的可传输吞吐微粒的椭圆光学传送带光束掩模版。其公式可表述为：

$$T = \mathrm{rem}\,(\mathrm{angle}\,(t) + BG,\ 2\pi)$$

其中，rem（•）是求余函数，用以计算参数除以 2π 的余数。因为相位是周期分布，在 0~2π 上才有意义，因此使用求余函数得到 0~2π 上的稳定调制；BG 是闪耀光栅，在本发明所建立的椭圆坐标系下周期为 D（具体实施方式 D 取值为 0.26 mm）的闪耀光栅的表达式为

$$BG = \mathrm{angle}\left(\exp\left(\frac{\mathrm{i}2\pi x}{D}\right)\right)$$

其作用在于将调制产生的可传输吞吐微粒的椭圆光学传送带光束与掩模版的 0 级杂光分离。

将上述掩模版 T 输入空间光调制器，使用平面波照射，即可在空间光调制器的远场产生可传输吞吐微粒的椭圆光学传送带光束。

首次实验中需要确定传动带相关参数：首先给出椭圆光学传送带一个径向缩放参数与角向调节因子。之后，连续调节径向差值 $\Delta\alpha$ 的取值，直到生成所提出的椭圆光学传送带为止。图 1 为携带微粒单元数为 10 的椭圆光学传送带光束掩模版。

后续的实验可以使用首次实验的参数，调节传送因子 θ，使得携带微粒单元在开口出与外界联通，图 2 调节传送因子 θ = −π/2 与 3π/2 所示，此时可以通过微流辅助或调控光束移动等方法，将粒子送入携带微粒单元，之后连续调节传送因子 θ 使携带微粒单元开口封闭。重复上述操作，可将所有携带微粒单元装满粒子。调节光束位置即可实现粒子的传递。此外，值得指出的是，图 2 中仅仅为传送因子 θ 取几个固定值的案例，传送因子可以连续取值，从而调控携带微粒单元位置的连续变化。

实施例

以下以 512×512 像素大小的掩模版为例，针对工作波长为 532 nm 的激

光给出了可传输吞吐微粒的椭圆光学传送带光束掩模版。该掩模版角向调节因子 l 取 5.5，传送因子 θ 的取值分别为 0 每隔 $\pi/2$ 取到 2π；以及 0 每隔 $-\pi/2$ 取到 -2π。根据具体实施方式中的掩模版透过率函数最终得到可传输吞吐微粒的椭圆光学传送带光束掩模版。图 1 给出了所述的可传输吞吐微粒的椭圆光学传送带光束掩模版。这种可传输吞吐微粒的椭圆光学传送带掩模版可以通过一个空间光调制器，在空间光调制器的远场来实现。以德国 Holoeye 公司的 pluto－vis－016 型号空间光调制器为例，对所提出的可传输吞吐微粒的椭圆光学传送带光束掩模版进行实验验证。

如图 2 所示，实验得到了这种可传输吞吐微粒的椭圆光学传送带光束掩模版在 NA＝0.025 数值孔径，焦距为 20 mm 的透镜焦平面上的光场光强分布。从图中可以看出，实验得到了携带微粒单元数量为 10、依次顺逆时针旋转到不同位置时的可传输吞吐微粒的椭圆光学传送带光束光强分布。本发明的模拟结果表明，通过本发明提出的这种可传输吞吐微粒的椭圆光学传送带掩模版，可以得到可传输吞吐微粒的椭圆光学传送带光束。这将为全息光镊领域提供一种新的操作手段。

综上所述，本发明提出了一种可传输吞吐微粒的椭圆光学传送带光束掩模版的具体设计方案及实施方案，并以 NA＝0.025 的聚焦透镜、角向调节因子 l 取 5.5，传送因子 θ 的取值分别为 0 每隔 $\pi/2$ 取到 2π；以及 0 每隔 $-\pi/2$ 取到 -2π 为例，针对工作波长为 532 nm 的激光，提出了一种可传输吞吐微粒的椭圆光学传送带掩模版的技术实施路线。

以上所述产生可传输吞吐微粒的椭圆光学传送带光束掩模版仅表达了本发明的一种具体实施方式，并不能因此而理解为对本发明保护范围的限制。应当指出的是，对于本领域的普通技术人员来说，在不脱离本发明基本思想的前提下，还可以对本专利所提出的具体实施细节做出若干变形和改进，这些都属于本发明的保护范围。

参考文献

1. K Dholakia, and T Čižmár, "Shaping the future of manipulation," Nature Photonics 5, 335 (2011).

2. D. B. Phillips, M. J. Padgett, S. Hanna, Y. L. D. Ho, D. M. Carberry, M. J. Miles, and S. H. Simpson, "Shape-induced force fields in optical trapping," Nature Photonics 8, 400－405 (2014).

3. D. G. Grier, "A revolution in optical manipulation," Nature 424, 810 (2003).

4. K. Toyoda, F. Takahashi, S. Takizawa, Y. Tokizane, K. Miyamoto, R. Morita, and T. Omatsu, "Transfer of light helicity to nanostructures," Physical Review Letters 110, 143603 (2013).

5. J. Ni, C. Wang, C. Zhang, Y. Hu, L. Yang, Z. Lao, B. Xu, J. Li, D. Wu, and J. Chu, "Three-dimensional chiral microstructures fabricated by structured optical vortices in isotropic material," Light: Science & Applications 6, e17011 (2017).

6. A. E. Siegman, "Hermite-gaussian functions of complex argument as optical-beam eigenfunctions," J. Opt. Soc. Am. 63, 1093－1094 (1973).

7. G. A. Siviloglou, J. Broky, A. Dogariu, and D. N. Christodoulides, "Observation of accelerating airy beams," Physical Review Letters 99, 213901 (2007).

8. L. Allen, M. W. Beijersbergen, R. J. C. Spreeuw, and J. P. Woerdman, "Orbital angular momentum of light and the transformation of Laguerre-Gaussian laser modes," Physical Review A 45, 8185－8189 (1992).

9. M. W. Beijersbergen, R. P. C. Coerwinkel, M. Kristensen, and J. P. Woerdman, "Helical-wavefront laser beams produced with a spiral phaseplate," Optics Communications 112, 321－327 (1994).

10. J. Arlt, K. Dholakia, L. Allen, and M. J. Padgett, "The production of

multiringed Laguerreâ Gaussian modes by computer-generated holograms," Optica Acta International Journal of Optics 45, 1231 – 1237 (1998).

11. J. Durnin, J. J. Miceli, and J. H. Eberly, "Diffraction-free beams," Physical Review Letters 58, 1499 – 1501 (1987).

12. M. A. Bandres, and J. C. Gutiérrez-Vega, "Ince-Gaussian beams," Optics Letters 29, 146 (2004).

13. J. C. Gutiérrez-Vega, and M. A. Bandres, "Helmholtz-Gauss waves," Journal of the Optical Society of America A Optics Image Science & Vision 22, 298 (2005).

14. M. A. Bandres, J. C. Gutiérrez-Vega, and S. Chávez-Cerda, "Parabolic nondiffracting optical wave fields," Optics Letters 29, 46 (2004).

15. J. A. Davis, M. J. Mitry, M. A. Bandres, and D. M. Cottrell, "Observation of accelerating parabolic beams," Optics Express 16, 12871 (2008).

16. M. Woerdemann, C. Alpmann, M. Esseling, and C. Denz, "Advanced optical trapping by complex beam shaping," Laser & Photonics Reviews 7, 839 – 854 (2013).

17. A. E. Willner, H. Huang, Y. Yan, Y. Ren, N. Ahmed, G. Xie, C. Bao, L. Li, Y. Cao, Z. Zhao, J. Wang, M. P. J. Lavery, M. Tur, S. Ramachandran, A. F. Molisch, N. Ashrafi, and S. Ashrafi, "Optical communications using orbital angular momentum beams," Advances in Optics and Photonics 7, 66 – 106 (2015).

18. M. P. J. Lavery, F. C. Speirits, S. M. Barnett, and M. J. Padgett, "Detection of a spinning object using light's orbital angular momentum," Science 341, 537 (2013).

19. E. W. M. Born, *Principles of Optics* (1999).

20. B. Richards, E. Wolf, and D. Gabor, "Electromagnetic diffraction in optical systems, II. Structure of the image field in an aplanatic system," Proceedings of the Royal Society of London. Series A. Mathematical and Physical Sciences 253, 358 – 379 (1959).

21. A. Boivin, J. Dow, and E. Wolf, "Energy flow in the neighborhood of the focus of a coherent beam," J. Opt. Soc. Am. 57, 1171 – 1175 (1967).

22. J. F. Nye, M. V. Berry, and F. C. Frank, "Dislocations in wave trains," Proceedings of the Royal Society of London. Series A. Mathematical and Physical

Sciences 336, 165 – 190 (1974).

23. J. M. Vaughan, and D. V. Willetts, "Interference properties of a light beam having a helical wave surface," Optics Communications 30, 263 – 267 (1979).

24. P. Coullet, L. Gil, and F. Rocca, "Optical vortices," Optics Communications 73, 403 – 408 (1989).

25. M. W. Beijersbergen, L. Allen, H. E. L. O. van der Veen, and J. P. Woerdman, "Astigmatic laser mode converters and transfer of orbital angular momentum," Optics Communications 96, 123 – 132 (1993).

26. N. R. Heckenberg, R. McDuff, C. P. Smith, and A. G. White, "Generation of optical phase singularities by computer-generated holograms," Optics Letters 17, 221 – 223 (1992).

27. J. E. Curtis, and D. G. Grier, "Structure of optical vortices," Physical Review Letters 90, 133901 (2003).

28. K. Sueda, G. Miyaji, N. Miyanaga, and M. Nakatsuka, "Laguerre-Gaussian beam generated with a multilevel spiral phase plate for high intensity laser pulses," Optics Express 12, 3548 – 3553 (2004).

29. J. E. Curtis, B. A. Koss, and D. G. Grier, "Dynamic holographic optical tweezers," Optics Communications 207, 169 – 175 (2002).

30. H. Ma, X. Li, Y. Tai, H. Li, J. Wang, M. Tang, Y. Wang, J. Tang, and Z. Nie, "In situ measurement of the topological charge of a perfect vortex using the phase shift method," Optics Letters 42, 135 – 138 (2017).

31. H. He, M. E. J. Friese, N. R. Heckenberg, and H. Rubinsztein-Dunlop, "Direct Observation of Transfer of Angular Momentum to Absorptive Particles from a Laser Beam with a Phase Singularity," Physical Review Letters 75, 826 – 829 (1995).

32. N. B. Simpson, K. Dholakia, L. Allen, and M. J. Padgett, "Mechanical equivalence of spin and orbital angular momentum of light:an optical spanner," Optics Letters 22, 52 – 54 (1997).

33. J. E. Curtis, and D. G. Grier, "Modulated optical vortices," Optics Letters 28, 872 – 874 (2003).

34. K. T. Gahagan, and G. A. Swartzlander, "Trapping of low-index microparticles

in an optical vortex," Journal of the Optical Society of America B 15, 524 – 534 (1998).

35. N. B. Simpson, D. McGloin, K. Dholakia, L. Allen, and M. J. Padgett, "Optical tweezers with increased axial trapping efficiency," Journal of Modern Optics 45, 1943 – 1949 (1998).

36. A.-I. Bunea, and J. Glückstad, "Strategies for optical trapping in biological samples: aiming at microrobotic surgeons," Laser & Photonics Reviews 13, 1800227 (2019).

37. A. S. Ostrovsky, C. Rickenstorff-Parrao, and V. Arrizón, "Generation of the 'perfect' optical vortex using a liquid-crystal spatial light modulator" Optics Letters 38, 534 – 536 (2013).

38. M. Chen, M. Mazilu, Y. Arita, E. M. Wright, and K. Dholakia, "Dynamics of microparticles trapped in a perfect vortex beam," Optics Letters 38, 4919 – 4922 (2013).

39. P. Vaity, and L. Rusch, "Perfect vortex beam: fourier transformation of a Bessel beam," Optics Letters 40, 597 – 600 (2015).

40. Y. Chen, Z. X. Fang, Y. X. Ren, L. Gong, and R. D. Lu, "Generation and characterization of a perfect vortex beam with a large topological charge through a digital micromirror device," Applied Optics 54, 8030 – 8035 (2015).

41. J. Yu, C. Zhou, Y. Lu, J. Wu, L. Zhu, and W. Jia, "Square lattices of quasi-perfect optical vortices generated by two-dimensional encoding continuous-phase gratings," Optics Letters 40, 2513 – 2516 (2015).

42. S. Fu, T. Wang, and C. Gao, "Perfect optical vortex array with controllable diffraction order and topological charge," J. Opt. Soc. Am. A 33, 1836 – 1842 (2016).

43. X. Qiu, F. Li, H. Liu, X. Chen, and L. Chen, "Optical vortex copier and regenerator in the Fourier domain," Photonics Research 6, 641 – 646 (2018).

44. X. Li, H. Ma, H. Zhang, Y. Tai, H. Li, M. Tang, J. Wang, J. Tang, and Y. Cai, "Close-packed optical vortex lattices with controllable structures," Optics Express 26, 22965 – 22975 (2018).

45. W. Wang, S. G. Hanson, Y. Miyamoto, and M. Takeda, "Experimental

investigation of local properties and statistics of optical vortices in random wave fields," Physical Review Letters 94, 103902 (2005).

46. X. Li, Y. Tai, L. Zhang, H. Li, and L. Li, "Characterization of dynamic random process using optical vortex metrology," Applied Physics B 116, 901 – 909 (2014).

47. A. S. Arnold, "Extending dark optical trapping geometries," Optics Letters 37, 2505 – 2507 (2012).

48. S. Franke-Arnold, J. Leach, M. J. Padgett, V. E. Lembessis, D. Ellinas, A. J. Wright, J. M. Girkin, P. Öhberg, and A. S. Arnold, "Optical ferris wheel for ultracold atoms," Optics Express 15, 8619 – 8625 (2007).

49. K. O'Holleran, M. J. Padgett, and M. R. Dennis, "Topology of optical vortex lines formed by the interference of three, four, and five plane waves," Optics Express 14, 3039 – 3044 (2006).

50. P. Vaity, A. Aadhi, and R. P. Singh, "Formation of optical vortices through superposition of two Gaussian beams," Applied Optics 52, 6652 – 6656 (2013).

51. S. C. Chu, C. S. Yang, and K. Otsuka, "Vortex array laser beam generation from a Dove prism-embedded unbalanced Mach-Zehnder interferometer," Optics Express 16, 19934 – 19949 (2008).

52. Y. C. Lin, T. H. Lu, K. F. Huang, and Y. F. Chen, "Generation of optical vortex array with transformation of standing-wave Laguerre-Gaussian mode," Optics Express 19, 10293 – 10303 (2011).

53. S. Huang, Z. Miao, C. He, F. Pang, Y. Li, and T. Wang, "Composite vortex beams by coaxial superposition of Laguerre-Gaussian beams," Optics and Lasers in Engineering 78, 132 – 139 (2016).

54. R. Vasilyeu, A. Dudley, N. Khilo, and A. Forbes, "Generating superpositions of higher-order Bessel beams," Optics Express 17, 23389 – 23395 (2009).

55. A. Dudley, and A. Forbes, "From stationary annular rings to rotating Bessel beams," J. Opt. Soc. Am. A 29, 567 – 573 (2012).

56. H. Ma, X. Li, Y. Tai, H. Li, J. Wang, M. Tang, J. Tang, Y. Wang, and Z. Nie, "Generation of circular optical vortex array," Annalen der Physik 529, 1700285 (2017).

57. A. Jesacher, S. Fürhapter, C. Maurer, S. Bernet, and M. Ritsch-Marte, "Reverse orbiting of microparticles in optical vortices," Optics Letters 31, 2824 – 2826 (2006).

58. J. Zhao, I. D. Chremmos, D. Song, D. N. Christodoulides, N. K. Efremidis, and Z. Chen, "Curved singular beams for three-dimensional particle manipulation," Scientific Reports 5, 12086 (2015).

59. T. Lei, M. Zhang, Y. Li, P. Jia, G. N. Liu, X. Xu, Z. Li, C. Min, J. Lin, C. Yu, H. Niu, and X. Yuan, "Massive individual orbital angular momentum channels for multiplexing enabled by Dammann gratings," Light: Science & Applications 4, e257-e257 (2015).

60. T. Lei, M. Zhang, Y. R. Li, P. Jia, G. N. Liu, X. G. Xu, Z. H. Li, C. J. Min, J. Lin, C. Y. Yu, H. B. Niu, and X. C. Yuan, "Massive individual orbital angular momentum channels for multiplexing enabled by Dammann gratings," Light-Sci. Appl. 4, 7 (2015).

61. M. Krenn, J. Handsteiner, M. Fink, R. Fickler, R. Ursin, M. Malik, and A. Zeilinger, "Twisted light transmission over 143 km," Proceedings of the National Academy of Sciences 113, 13648 (2016).

62. J. Wang, "Advances in communications using optical vortices," Photonics Research 4, B14 (2016).

63. M. Padgett, and L. Allen, "Light with a twist in its tail," Contemporary Physics 41, 275 – 285 (2000).

64. M. Padgett, and R. Bowman, "Tweezers with a twist," Nature Photonics 5, 343 – 348 (2011).

65. X. Wang, Y. Zhang, Y. Dai, C. Min, and X. Yuan, "Enhancing plasmonic trapping with a perfect radially polarized beam," Photonics Research 6, 847 – 852 (2018).

66. W. Yu, Z. Ji, D. Dong, X. Yang, Y. Xiao, Q. Gong, P. Xi, and K. Shi, "Super-resolution deep imaging with hollow Bessel beam STED microscopy," Laser & Photonics Reviews 10, 147 – 152 (2016).

67. G. Foo, D. M. Palacios, and G. A. Swartzlander, "Optical vortex coronagraph," Optics Letters 30, 3308 – 3310 (2005).

68. A. Aleksanyan, N. Kravets, and E. Brasselet, "Multiple-Star System Adaptive Vortex Coronagraphy Using a Liquid Crystal Light Valve," Physical Review Letters 118, 203902 (2017).

69. J. Ahn, Z. Xu, J. Bang, Y. H. Deng, T. M. Hoang, Q. Han, R. M. Ma, and T. Li, "Optically Levitated Nanodumbbell Torsion Balance and GHz Nanomechanical Rotor," Physical Review Letters 121, 033603 (2018).

70. N. Bozinovic, Y. Yue, Y. Ren, M. Tur, P. Kristensen, H. Huang, A. E. Willner, and S. Ramachandran, "Terabit-scale orbital angular momentum mode division multiplexing in fibers," Science (New York, N.Y.) 340, 1545−1548 (2013).

71. J. Wang, J. Y. Yang, I. M. Fazal, N. Ahmed, Y. Yan, H. Huang, Y. Ren, Y. Yue, S. Dolinar, M. Tur, and A. E. Willner, "Terabit free-space data transmission employing orbital angular momentum multiplexing," Nature Photonics 6, 488 (2012).

72. J. N. Mait, G. W. Euliss, and R. A. Athale, "Computational imaging," Adv. Opt. Photonics 10, 483 (2018).

73. A. S. Ostrovsky, C. Rickenstorff-Parrao, and V. Arrizón, "Generation of the "perfect" optical vortex using a liquid-crystal spatial light modulator," Optics Letters 38, 534−536 (2013).

74. J. García-García, C. Rickenstorff-Parrao, R. Ramos-García, V. Arrizón, and A. S. Ostrovsky, "Simple technique for generating the perfect optical vortex," Optics Letters 39, 5305−5308 (2014).

75. V. V. Kotlyar, A. A. Kovalev, and A. P. Porfirev, "Optimal phase element for generating a perfect optical vortex," J. Opt. Soc. Am. A 33, 2376−2384 (2016).

76. G. Tkachenko, M. Chen, K. Dholakia, and M. Mazilu, "Is it possible to create a perfect fractional vortex beam?," Optica 4, 330−333 (2017).

77. D. Deng, Y. Li, Y. Han, X. Su, J. Ye, J. Gao, Q. Sun, and S. Qu, "Perfect vortex in three-dimensional multifocal array," Optics Express 24, 28270−28278 (2016).

78. N. Apurv Chaitanya, M. V. Jabir, and G. K. Samanta, "Efficient nonlinear generation of high power, higher order, ultrafast "perfect" vortices in green," Optics

letters 41, 1348 – 1351 (2016).

79. P. Li, Y. Zhang, S. Liu, C. Ma, L. Han, H. Cheng, and J. Zhao, "Generation of perfect vectorial vortex beams," Optics Letters 41, 2205 – 2208 (2016).

80. S. Fu, C. Gao, T. Wang, S. Zhang, and Y. Zhai, "Simultaneous generation of multiple perfect polarization vortices with selective spatial states in various diffraction orders," Optics Letters 41, 5454 – 5457 (2016).

81. S. Fu, T. Wang, and C. Gao, "Generating perfect polarization vortices through encoding liquid-crystal display devices," Applied Optics 55, 6501 – 6505 (2016).

82. A. Banerji, R. P. Singh, D. Banerjee, and A. Bandyopadhyay, "Generating a perfect quantum optical vortex," Physical Review A 94, 053838 (2016).

83. Y. Liu, Y. Ke, J. Zhou, Y. Liu, H. Luo, S. Wen, and D. Fan, "Generation of perfect vortex and vector beams based on Pancharatnam-Berry phase elements," Scientific Reports 7, 44096 (2017).

84. A. A. Kovalev, V. V. Kotlyar, and A. P. Porfirev, "A highly efficient element for generating elliptic perfect optical vortices," Applied Physics Letters 110, 5 (2017).

85. X. Li, H. Ma, C. Yin, J. Tang, H. Li, M. Tang, J. Wang, Y. Tai, X. Li, and Y. Wang, "Controllable mode transformation in perfect optical vortices," Optics Express 26, 651 – 662 (2018).

86. A. Porfirev, and A. Kuchmizhak, "Non-ring perfect optical vortices with p-th order symmetry generated using composite diffractive optical elements," Applied Physics Letters 113, 5 (2018).

87. D. Li, C. Chang, S. Nie, S. Feng, J. Ma, and C. Yuan, "Generation of elliptic perfect optical vortex and elliptic perfect vector beam by modulating the dynamic and geometric phase," Applied Physics Letters 113, 121101 (2018).

88. L. Li, C. Chang, C. Yuan, S. Feng, S. Nie, Z. C. Ren, H. T. Wang, and J. Ding, "High efficiency generation of tunable ellipse perfect vector beams," Photonics Research 6, 1116 – 1123 (2018).

89. C. Zhang, C. Min, L. Du, and X. C. Yuan, "Perfect optical vortex enhanced surface plasmon excitation for plasmonic structured illumination microscopy

imaging," Applied Physics Letters 108, 201601 (2016).

90. S. G. Reddy, P. Chithrabhanu, P. Vaity, A. Aadhi, S. Prabhakar, and R. P. Singh, "Non-diffracting speckles of a perfect vortex beam," Journal of Optics 18, 055602 (2016).

91. M. V. Jabir, N. Apurv Chaitanya, A. Aadhi, and G. K. Samanta, "Generation of 'perfect' vortex of variable size and its effect in angular spectrum of the down-converted photons," Scientific Reports 6, 21877 (2016).

92. F. Zhu, S. Huang, W. Shao, J. Zhang, M. Chen, W. Zhang, and J. Zeng, "Free-space optical communication link using perfect vortex beams carrying orbital angular momentum (OAM)," Optics Communications 396, 50 – 57 (2017).

93. Y. Liang, M. Lei, S. Yan, M. Li, Y. Cai, Z. Wang, X. Yu, and B. Yao, "Rotating of low-refractive-index microparticles with a quasi-perfect optical vortex," Applied Optics 57, 79 – 84 (2018).

94. M. A. Rykov, and R. V. Skidanov, "Modifying the laser beam intensity distribution for obtaining improved strength characteristics of anoptical trap," Applied Optics 53, 156 – 164 (2014).

95. J. Hamazaki, Y. Mineta, K. Oka, and R. Morita, "Direct observation of Gouy phase shift in a propagating optical vortex," Optics Express 14, 8382 – 8392 (2006).

96. X. L. Wang, K. Lou, J. Chen, B. Gu, Y. Li, and H. T. Wang, "Unveiling locally linearly polarized vector fields with broken axial symmetry," Physical Review A 83, 063813 (2011).

97. F. A. Bovino, M. Braccini, M. Giardina, and C. Sibilia, "Orbital angular momentum in noncollinear second-harmonic generation by off-axis vortex beams," Journal of the Optical Society of America B 28, 2806 – 2811 (2011).

98. T. Fadeyeva, C. Alexeyev, A. Rubass, and A. Volyar, "Vector erf-Gaussian beams: fractional optical vortices and asymmetric TE and TM modes," Optics Letters 37, 1397 – 1399 (2012).

99. J. A. Rodrigo, T. Alieva, E. Abramochkin, and I. Castro, "Shaping of light beams along curves in three dimensions," Optics Express 21, 20544 – 20555 (2013).

100. J. A. Rodrigo, and T. Alieva, "Freestyle 3D laser traps: tools for studying

light-driven particle dynamics and beyond," Optica 2, 812 – 815 (2015).

101. L. Gong, X. Z. Qiu, Y. X. Ren, H. Q. Zhu, W. W. Liu, J. H. Zhou, M. C. Zhong, X. X. Chu, and Y. M. Li, "Observation of the asymmetric Bessel beams with arbitrary orientation using a digital micromirror device," Optics Express 22, 26763 – 26776 (2014).

102. P. Li, S. Liu, T. Peng, G. Xie, X. Gan, and J. Zhao, "Spiral autofocusing Airy beams carrying power-exponent-phase vortices," Optics Express 22, 7598 – 7606 (2014).

103. H. Ma, X. Li, H. Zhang, J. Tang, H. Li, M. Tang, J. Wang, and Y. Cai, "Optical vortex shaping via a phase jump factor," Optics Letters 44, 1379 – 1382 (2019).

104. Y. Zhang, P. Li, S. Liu, and J. Zhao, "Unveiling the photonic spin Hall effect of freely propagating fan-shaped cylindrical vector vortex beams," Optics Letters 40, 4444 – 4447 (2015).

105. Y. Zhang, X. Liu, M. R. Belić, W. Zhong, F. Wen, and Y. Zhang, "Anharmonic propagation of two-dimensional beams carrying orbital angular momentum in a harmonic potential," Optics Letters 40, 3786 – 3789 (2015).

106. Y. F. Chen, Y. H. Lai, M. X. Hsieh, Y. H. Hsieh, C. W. Tu, H. C. Liang, and K. F. Huang, "Wave representation for asymmetric elliptic vortex beams generated from the astigmatic mode converter," Optics Letters 44, 2028 – 2031 (2019).

107. V. V. Kotlyar, A. A. Kovalev, R. V. Skidanov, and V. A. Soifer, "Asymmetric Bessel-Gauss beams," J. Opt. Soc. Am. A 31, 1977 – 1983 (2014).

108. V. V. Kotlyar, A. A. Kovalev, and V. A. Soifer, "Asymmetric Bessel modes," Optics Letters 39, 2395 – 2398 (2014).

109. V. V. Kotlyar, A. A. Kovalev, and V. A. Soifer, "Superpositions of asymmetrical Bessel beams," J. Opt. Soc. Am. A 32, 1046 – 1052 (2015).

110. A. A. Kovalev, V. V. Kotlyar, and A. P. Porfirev, "Optical trapping and moving of microparticles by using asymmetrical Laguerre-Gaussian beams," Optics Letters 41, 2426 – 2429 (2016).

111. V. V. Kotlyar, A. A. Kovalev, and A. P. Porfirev, "Asymmetric Gaussian optical vortex," Optics Letters 42, 139 – 142 (2017).

112. V. V. Kotlyar, A. A. Kovalev, and A. P. Porfirev, "Radial dependence of the angular momentum density of a paraxial optical vortex," Physical Review A 97, 053833 (2018).

113. X. Z. Li, H. X. Ma, H. Zhang, M. M. Tang, H. H. Li, J. Tang, and Y. S. Wang, "Is it possible to enlarge the trapping range of optical tweezers via a single beam?" Applied Physics Letters 114, 081903 (2019).

114. L. Li, C. Chang, X. Yuan, C. Yuan, S. Feng, S. Nie, and J. Ding, "Generation of optical vortex array along arbitrary curvilinear arrangement," Optics Express 26, 9798 − 9812 (2018).

115. C. Chang, L. Li, Y. Gao, S. Nie, Z. C. Ren, J. Ding, and H. T. Wang, "Tunable polarization singularity array enabled using superposition of vector curvilinear beams," Applied Physics Letters 114, 041101 (2019).

116. H. X. Ma, X. Z. Li, H. Zhang, J. Tang, Z. G. Nie, H. H. Li, M. M. Tang, J. G. Wang, Y. P. Tai, and Y. S. Wang, "Adjustable Elliptic Annular Optical Vortex Array," IEEE Photonics Technology Letters 30, 813 − 816 (2018).

117. Y. K. Wang, H. X. Ma, L. H. Zhu, Y. P. Tai, and X. Z. Li, "Orientation-selective elliptic optical vortex array," Applied Physics Letters 116, 011101 (2020).

118. A. Ashkin, "Acceleration and Trapping of Particles by Radiation Pressure," Physical Review Letters 24, 156 − 159 (1970).

119. A. Ashkin, "Atomic-Beam Deflection by Resonance-Radiation Pressure," Physical Review Letters 25, 1321 − 1324 (1970).

120. A. Ashkin, J. M. Dziedzic, J. E. Bjorkholm, and S. Chu, "Observation of a single-beam gradient force optical trap for dielectric particles," Optics Letters 11, 288 − 290 (1986).

121. O. M. Maragò, P. H. Jones, F. Bonaccorso, V. Scardaci, P. G. Gucciardi, A. G. Rozhin, and A. C. Ferrari, "Femtonewton Force Sensing with Optically Trapped Nanotubes," Nano Lett. 8, 3211 − 3216 (2008).

122. T. T. M. Ngo, Q. Zhang, R. Zhou, J. G. Yodh, and T. Ha, "Asymmetric unwrapping of nucleosomes under tension directed by DNA local flexibility," Cell 160, 1135 − 1144 (2015).

123. J. C. Crocker, J. A. Matteo, A. D. Dinsmore, and A. G. Yodh, "Entropic Attraction and Repulsion in Binary Colloids Probed with a Line Optical Tweezer," Physical Review Letters 82, 4352－4355 (1999).

124. N. K. Metzger, K. Dholakia, and E. M. Wright, "Observation of Bistability and Hysteresis in Optical Binding of Two Dielectric Spheres," Physical Review Letters 96, 068102 (2006).

125. S. Eckel, A. Kumar, T. Jacobson, I. B. Spielman, and G. K. Campbell, "A rapidly expanding Bose-Einstein condensate: an expanding universe in the lab," Physical Review X 8, 021021 (2018).

126. M. Woerdemann, C. Alpmann, and C. Denz, "Optical assembly of microparticles into highly ordered structures using Ince-Gaussian beams," Applied Physics Letters 98, 111101 (2011).

127. N. B. Simpson, L. Allen, and M. J. Padgett, "Optical tweezers and optical spanners with Laguerre-Gaussian modes," Journal of Modern Optics 43, 2485－2491 (1996).

128. V. V. Kotlyar, A. A. Kovalev, and A. P. Porfirev, "Vortex Hermite-Gaussian laser beams," Optics Letters 40, 701－704 (2015).

129. A. A. Kovalev, V. V. Kotlyar, and A. P. Porfirev, "Asymmetric Laguerre-Gaussian beams," Physical Review A 93, 063858 (2016).

130. E. Abramochkin, and V. G. Volostnikov, "Spiral light beams," Physics-uspekhi-PHYS-USP 47, 1177－1203 (2004).

131. J. A. Rodrigo, M. Angulo, and T. Alieva, "Dynamic morphing of 3D curved laser traps for all-optical manipulation of particles," Optics express 26, 18608－18620 (2018).

132. J. A. Rodrigo, M. Angulo, and T. Alieva, "Programmable optical transport of particles in knot circuits and networks," Optics Letters 43, 4244－4247 (2018).

133. D. G. Grier, "A revolution in optical manipulation," Nature 424, 810－816 (2003).

134. D. W. Zhang, and X. C. Yuan, "Optical doughnut for optical tweezers," Optics Letters 28, 740－742 (2003).

135. K. T. Gahagan, and G. A. Swartzlander, "Simultaneous trapping of low-index and high-index microparticles observed with an optical-vortex trap," Journal of the Optical Society of America B 16, 533 – 537 (1999).

136. Y. Zhang, X. Dou, Y. Dai, X. Wang, C. Min, and X. Yuan, "All-optical manipulation of micrometer-sized metallic particles," Photonics Research 6, 66 – 71 (2018).

137. H. Wang, L. Tang, J. Ma, H. Hao, X. Zheng, D. Song, Y. Hu, Y. Li, and Z. Chen, "Optical clearing and shielding with fan-shaped vortex beams," APL Photonics 5, 016102 (2020).

138. G. Molina-Terriza, J. P. Torres, and L. Torner, "Management of the angular momentum of light: preparation of photons in multidimensional vector states of angular momentum," Physical Review Letters 88, 013601 (2001).

139. J. Wang, J. Y. Yang, I. M. Fazal, N. Ahmed, Y. Yan, H. Huang, Y. Ren, Y. Yue, S. Dolinar, M. Tur, and A. E. Willner, "Terabit free-space data transmission employing orbital angular momentum multiplexing," Nature Photonics 6, 488 – 496 (2012).

140. M. McLaren, M. Agnew, J. Leach, F. S. Roux, M. J. Padgett, R. W. Boyd, and A. Forbes, "Entangled Bessel-Gaussian beams," Optics Express 20, 23589 – 23597 (2012).

141. J. N. Mait, G. W. Euliss, and R. A. Athale, "Computational imaging," Advances in Optics and Photonics 10, 409 – 483 (2018).

142. E. M. Wright, J. Arlt, and K. Dholakia, "Toroidal optical dipole traps for atomic Bose-Einstein condensates using Laguerre-Gaussian beams," Physical Review A 63, 013608 (2000).

143. A. Beržanskis, A. Matijošius, A. Piskarskas, V. Smilgevičius, and A. Stabinis, "Conversion of topological charge of optical vortices in a parametric frequency converter," Optics Communications 140, 273 – 276 (1997).

144. G. Molina-Terriza, J. Recolons, and L. Torner, "The curious arithmetic of optical vortices," Optics Letters 25, 1135 – 1137 (2000).

145. A. Forbes, A. Dudley, and M. McLaren, "Creation and detection of optical modes with spatial light modulators," Advances in Optics and Photonics 8,

200 − 227 (2016).

146. J. Pinnell, V. Rodríguez-Fajardo, and A. Forbes, "Quantitative orbital angular momentum measurement of perfect vortex beams," Optics Letters 44, 2736 − 2739 (2019).

147. D. McGloin, and K. Dholakia, "Bessel beams: diffraction in a new light," Contemporary Physics 46, 15 − 28 (2005).

148. J. W. Goodman, *Introduction to Fourier optics* (Roberts and Company Publishers, 2005).

149. J. Leach, M. J. Padgett, S. M. Barnett, S. Franke-Arnold, and J. Courtial, "Measuring the orbital angular momentum of a single photon," Physical Review Letters 88, 257901 (2002).

150. J. Leach, J. Courtial, K. Skeldon, S. M. Barnett, S. Franke-Arnold, and M. J. Padgett, "Interferometric methods to measure orbital and spin, or the total angular momentum of a single photon," Physical Review Letters 92, 013601 (2004).

151. X. Li, Y. Tai, F. Lv, and Z. Nie, "Measuring the fractional topological charge of LG beams by using interference intensity analysis," Optics Communications 334, 235 − 239 (2015).

152. C. S. Guo, L. L. Lu, and H. T. Wang, "Characterizing topological charge of optical vortices by using an annular aperture," Optics Letters 34, 3686 − 3688 (2009).

153. J. M. Hickmann, E. J. S. Fonseca, W. C. Soares, and S. Chávez-Cerda, "Unveiling a truncated optical lattice associated with a triangular aperture using light's orbital angular momentum," Physical Review Letters 105, 053904 (2010).

154. L. E. E. de Araujo, and M. E. Anderson, "Measuring vortex charge with a triangular aperture," Optics Letters 36, 787 − 789 (2011).

155. Y. Han, and G. Zhao, "Measuring the topological charge of optical vortices with an axicon," Optics Letters 36, 2017 − 2019 (2011).

156. P. Vaity, and R. P. Singh, "Topological charge dependent propagation of optical vortices under quadratic phase transformation," Optics Letters 37, 1301 − 1303 (2012).

157. S. N. Alperin, and M. E. Siemens, "Angular momentum of topologically

structured darkness," Physical Review Letters 119 20, 203902 (2017).

158. C. Brunet, P. Vaity, Y. Messaddeq, S. LaRochelle, and L. A. Rusch, "Design, fabrication and validation of an OAM fiber supporting 36 states," Optics Express 22, 26117－26127 (2014).

159. M. V. Berry, "Optical vortices evolving from helicoidal integer and fractional phase steps," Journal of Optics A: Pure and Applied Optics 6, 259－268 (2004).

160. I. V. Basistiy, V. Y. Bazhenov, M. S. Soskin, and M. V. Vasnetsov, "Optics of light beams with screw dislocations," Optics Communications 103, 422－428 (1993).

161. Y. X. Ren, Z. X. Fang, L. Gong, K. Huang, Y. Chen, and R. D. Lu, "Dynamic generation of Ince-Gaussian modes with a digital micromirror device," Journal of Applied Physics 117, 133106 (2015).

162. A. Bezryadina, D. Preece, J. Chen, and Z. Chen, "Optical disassembly of cellular clusters by tunable tug-of-war tweezers," Light: Science & Applications 5 (2016).

163. D. S. Ding, W. Zhang, S. Shi, Z. Y. Zhou, Y. Li, B. S. Shi, and G. C. Guo, "High-dimensional entanglement between distant atomic-ensemble memories," Light: Science & Applications 5, e16157-e16157 (2016).

164. A. S Bezryadina, D. C Preece, J. C. Chen, and Z. Chen, "Optical disassembly of cellular clusters by tunable 'tug-of-war' tweezers," Light: Science & Applications 5, e16158-e16158 (2016).

165. J. B. Götte, S. Franke-Arnold, R. Zambrini, and S. M. Barnett, "Quantum formulation of fractional orbital angular momentum," Journal of Modern Optics 54, 1723－1738 (2007).

166. A. T. O'Neil, I. MacVicar, L. Allen, and M. J. Padgett, "Intrinsic and extrinsic nature of the orbital angular momentum of a light beam," Physical Review Letters 88, 053601 (2002).

167. Y. Zhang, Y. Xue, Z. Zhu, G. Rui, Y. Cui, and B. Gu, "Theoretical investigation on asymmetrical spinning and orbiting motions of particles in a tightly focused power-exponent azimuthal-variant vector field," Optics Express 26,

4318 – 4329 (2018).

168. H. Zhang, X. Li, H. Ma, M. Tang, H. Li, J. Tang, and Y. Cai, "Grafted optical vortex with controllable orbital angular momentum distribution," Optics Express 27, 22930 – 22938 (2019).

169. M. A. Bandres, and J. C. Gutiérrez-Vega, "Ince-Gaussian modes of the paraxial wave equation and stable resonators," J. Opt. Soc. Am. A 21, 873 – 880 (2004).

170. J. Lei, A. Hu, Y. Wang, and P. Chen, "A method for selective excitation of Ince-Gaussian modes in an end-pumped solid-state laser," Applied Physics B 117, 1129 – 1134 (2014).

171. M. A. Bandres, and J. C. Gutiérrez-Vega, "Ince-Gaussian beams," Optics Letters 29, 144 – 146 (2004).

172. J. B. Bentley, J. A. Davis, M. A. Bandres, and J. C. Gutiérrez-Vega, "Generation of helical Ince-Gaussian beams with a liquid-crystal display," Optics Letters 31, 649 – 651 (2006).

173. H. Ma, X. Li, H. Li, M. Tang, J. Wang, J. Tang, Y. Wang, and Z. N. J. "Spatial mode distributions of Ince-Gaussian beams modulated by phase difference factor," Acta Optica Sinica 37, 626002 (2017).

174. 甄志强，马海祥，李新忠，李贺贺，王静鸽. "小级数 Ince-Gaussian 光束光强模式分析，" 河南科技大学学报：自然科学版，6，86 – 90 (2017).

175. M. Ono, D. Preece, M. L. Duquette, A. Forer, and M. W. Berns, "Mitotic tethers connect sister chromosomes and transmit 'cross-polar' force during anaphase A of mitosis in PtK2 cells," Biomed. Opt. Express 8, 4310 – 4315 (2017).

176. N. Khatibzadeh, A. B. Stilgoe, A. A. M. Bui, Y. Rocha, G. M. Cruz, V. Loke, L. Z. Shi, T. A. Nieminen, H. Rubinsztein-Dunlop, and M. W. Berns, "Determination of motility forces on isolated chromosomes with laser tweezers," Scientific Reports 4, 6866 (2014).

177. J. Arlt, "Handedness and azimuthal energy flow of optical vortex beams," Journal of Modern Optics 50, 1573 – 1580 (2003).

178. J. B. Götte, K. O'Holleran, D. Preece, F. Flossmann, S. Franke-Arnold, S. M. Barnett, and M. J. Padgett, "Light beams with fractional orbital angular

momentum and their vortex structure," Optics Express 16, 993 – 1006 (2008).

179. G. Gbur, "Fractional vortex Hilbert's hotel," Optica 3, 222 – 225 (2016).

180. Y. Ohtake, T. Ando, N. Fukuchi, N. Matsumoto, H. Ito, and T. Hara, "Universal generation of higher-order multiringed Laguerre-Gaussian beams by using a spatial light modulator," Optics Letters 32, 1411 – 1413 (2007).

181. J. E. Melzer, and E. McLeod, "Fundamental limits of optical tweezer nanoparticle manipulation speeds," ACS Nano 12, 2440 – 2447 (2018).